荒漠绿洲过渡带人工固沙植被不同生活型植物的适应机制

Adaptation Mechanism of Different Life Types of Plants in Artificial Vegetation Community in a Desert Oasis Transition Zone

王国华　著

气象出版社
China Meteorological Press

内 容 简 介

本书内容分为4章。第1章一年生草本植物对风蚀与沙埋胁迫响应机制;第2章一年生草本植物对干旱胁迫的响应机制;第3章多年生红砂-泡泡刺群落演替与多维度权衡;第4章多年生梭梭群落土壤环境中水热盐运移规律。本书内容系统丰富,结构清晰,理论和实践相结合,有较强的科学性、创新性、理论性以及较高的实用价值。

本书可为生态环境相关方向如荒漠绿洲过渡带的植被恢复、防治沙化、生态稳定等方面的研究者,林业工作者和政府部门决策提供重要的参考。

图书在版编目(CIP)数据

荒漠绿洲过渡带人工固沙植被不同生活型植物的适应
机制 / 王国华著. -- 北京 : 气象出版社, 2023.12
    ISBN 978-7-5029-8141-9

Ⅰ. ①荒… Ⅱ. ①王… Ⅲ. ①荒漠－绿洲－固沙植物
－适应行为－研究 Ⅳ. ①S288

中国国家版本馆CIP数据核字(2024)第023777号

荒漠绿洲过渡带人工固沙植被不同生活型植物的适应机制
**Huangmo Lüzhou Guodudai Rengong Gusha Zhibei Butong Shenghuoxing
Zhiwu de Shiying Jizhi**

出版发行:气象出版社

地　　址:北京市海淀区中关村南大街46号　　邮政编码:100081
电　　话:010-68407112(总编室)　010-68408042(发行部)
网　　址:http://www.qxcbs.com　　**E-mail**:qxcbs@cma.gov.cn
责任编辑:王萃萃　郑乐乡　　　　　　终　审:张　斌
责任校对:张硕杰　　　　　　　　　　责任技编:赵相宁
封面设计:艺点设计
印　　刷:北京中石油彩色印刷有限责任公司
开　　本:787 mm×1092 mm　1/16　　印　张:7.5
字　　数:198千字　　　　　　　　　彩　插:2
版　　次:2023年12月第1版　　　　　印　次:2023年12月第1次印刷
定　　价:40.00元

序

  干旱半干旱地区过渡带植被生态恢复与建设一直是我国农业、经济和生态环境建设的研究热点。在人类活动加剧和全球变化的背景下,该区的景观原真性与功能原状性受到干扰和破坏。绿洲农业是影响过渡带演替过程(绿洲化或荒漠化)的重要因素,尤其是在年降水量低于 100 mm 的干旱区,荒漠绿洲过渡带成为生态环境最脆弱、最不稳定的区域之一,极易演变为荒漠化土地。因此,荒漠绿洲过渡带水土资源开发利用和保护一直是干旱半干旱区经济发展和生态建设博弈的焦点。在当前保障生态安全和粮食安全的大背景下,保持其生态环境稳定性是该地区生态建设和农业可持续发展的关键。

  王国华博士长期从事干旱区荒漠绿洲过渡带研究,针对干旱区荒漠绿洲过渡带人工植被建设、天然植被恢复及土壤恢复等方面开展了大量野外调查,野外控制及室内模拟实验,积累了大量数据,取得了丰硕的成果,出版了这部学术著作。

  该著作系统汇总了作者多年的科研成果。一是汇总了一批新技术,该区实施的植被和土壤恢复措施主要有:(1)构建基于人工生态系统的三维立体防护体系,如农田防护林建设、天然草地封育、固沙、阻沙林建设等;(2)合理配置水土资源,实现有限水资源的高效利用,保障该区人工固沙植被体系安全稳定;(3)加强过渡带天然植被的原真性保护,减少放牧、农业开垦等人类活动的干扰。二是提出一系列新理念,不过分强调人工植被建设规模,科学合理确定人工植被建设的区域、范围和规模,构建长效监测与评估机制,并根据监测与评估结果制定适应性管理对策。

  该著作是对上述工作成果的梳理、综合集成,具有很强的原创性和创新性。我相信,这部专著的出版可为新时期干旱区荒漠绿洲过渡带水土流失防治、植被建设、土壤修复和管理等方面提供重要参考。

中国工程院院士

2023 年 4 月于北京

前 言

河西走廊地处我国西北部,地势平坦,但由于该地区深居我国内陆,干旱、少雨以及风沙活动发生的极为频繁。在风沙区域,恶劣的环境条件,如风蚀、沙埋、干旱以及高温等胁迫,成为主要影响沙地植物和植被生长及繁殖拓展的不利因素,从而进一步影响荒漠地区绿洲生态系统的稳定性。近些年来,该地区为了防止植被退化和沙漠化,实施了一系列生态建设工程,当地生境恢复成效显著,风沙侵害得到有效遏制。但随着全球变暖以及环境的旱化发生,我国沙尘暴发生频次增加且影响范围和程度也在增大,这直接导致风沙区产生许多灾害现象,使得沙区的植被建设与生态可持续发展受到影响。因此,科学认识该地区一年生草本植物在恶劣环境下的适应机制和多年生灌木的演替规律,以及与降水、土壤水热之间的相互作用,探索适宜的恢复措施,对河西走廊风沙区植被的建设和生态恢复具有十分重要的指导意义。

该地区一年生植物主要由一年生禾本科植物、藜科植物及十字花科植物构成,其中一年生禾本科狗尾草(*Setaria viridis*)和虎尾草(*Chloris virgata*)与一年生藜科雾冰藜(*Bassia dasyphylla*)、白茎盐生草(*Halogeton arachnoideus*)和沙米(*Agriophyllum squarrosum*)是当地的主导植被,大都具有生长速度快、存活率高、生长较稳定、植株低矮及种子不易被风吹走、能够快速生根发芽且极耐沙埋的能力,对维持荒漠绿洲地区生态恢复发挥着极其重要的作用。而红砂-泡泡刺(*Reaumuria soongorica-Nitraria tangutorum*)群落是河西走廊荒漠绿洲边缘地区多年生灌木的群落优势种,草本层植物在灌木层的保育作用下更好地生长和发育。但近年来全球气候变暖,干旱地区极端天气日益频发,河西走廊地区气候也呈现出暖干化趋势。且随着中国西北地区人口快速增长,大面积开垦天然林和放牧活动也加剧了绿洲边缘水资源短缺和风沙危害。一系列问题对该地区一年生草本植物以及多年生灌木的生长发育、多样性、稳定性造成很多困难。本书针对河西走廊地区生态建设的重大需求,对一年生草本植物恶劣环境下的适应机制以及多年生灌木的群落演替规律等方面展开探讨。项目团队成员在甘肃省张掖市临泽县开展大量研究调查,积累了大量数据,并对这些数据进行分析整理,编写了该著作,具有较强的创新性,对河西走廊干旱沙区的植被生态恢复、土壤条件改善等方面具有重要的科学价值与实践意义,以期提高荒漠绿洲边缘地区生态系统稳定,服务当地防沙工程建设,对绿洲生态安全和农业生产方面提供一定的参考。

本书的出版得到了很多专家学者的帮助。首先感谢中国科学院西北生态环境资源研究院赵文智研究员多年的指导,同时感谢鲁东大学常学礼教授,还要感谢研究团队猴倩倩、赵峰侠、曹艳峰等老师,以及团队中的席璐璐、宋冰、刘婧、马改玲、陈蕴琳、高敏、张宇、申长盛、王佳琪、张沛倩等同学的帮助。本书的出版经费主要由国家自然科学基金项目(No.42171033,41807518)资助。

著者

2023 年 10 月 18 日于太原

目　录

序

前言

第1章　一年生草本植物对风蚀与沙埋胁迫响应机制 ……………………………… 1

　　1.1　一年生草本植物对风蚀胁迫的响应 ……………………………………… 1

　　1.2　一年生草本植物对沙埋胁迫的响应 ……………………………………… 17

　　1.3　结论 ………………………………………………………………………… 31

第2章　一年生草本植物对干旱胁迫的响应机制 ………………………………… 32

　　2.1　典型草本植物对干旱胁迫及复水响应机制 …………………………… 32

　　2.2　荒漠区植物对干旱胁迫的适应机制 …………………………………… 47

第3章　多年生红砂-泡泡刺群落演替与多维度权衡 ……………………………… 52

　　3.1　长期封育下荒漠绿洲边缘植物群落与土壤演变特征 ………………… 52

　　3.2　长期封育下红砂-泡泡刺群落种群生态位研究 ………………………… 62

　　3.3　长期封育下红砂-泡泡刺群落种间关联与群落稳定性研究 …………… 69

第4章　多年生梭梭群落土壤环境中水热盐运移规律 …………………………… 78

　　4.1　不同林龄梭梭土壤水热盐动态过程 …………………………………… 78

　　4.2　不同林龄梭梭土壤水热盐耦合关系 …………………………………… 91

参考文献 ……………………………………………………………………………… 100

第 1 章　一年生草本植物对风蚀与沙埋胁迫响应机制

1.1　一年生草本植物对风蚀胁迫的响应

一年生植物作为干旱、半干旱地区荒漠绿洲过渡带中荒漠生态系统的重要组成部分,对该地区人工固沙林(王国华 等,2020a,2020b)的建设及有效发挥功能、植被的恢复以及农牧业的不断发展同样起着重要作用(梁存柱 等,2003)。目前,普遍研究认为水分是主要影响一年生植物层片的出现的原因(何明珠 等,2010)。国外学者认为,生命周期短、繁殖率高是一年生草本植物能够快速适应并生存的能力(Krieger et al.,2003);Madon 等(Madon et al.,1977;Brown,2003)发现地中海地区一年生草本植物对极端环境具有较高的抗胁迫能力;目前已有的研究大多关注于荒漠地区植被群落中一年生层片对于其种子库动态方面(王刚 等,1995)以及生态系统稳定(胡小文 等,2004)和防治荒漠化的影响(于云江 等,1998),以及一年生草本植物种子萌发(陈娟丽 等,2019)、生理形态等生态特征(张继恩 等,2009)等方面,更多地阐述了一年生植物在生理形态特性上对环境的适应性。在风蚀方面,已有学者研究表明,在毛乌素沙地沙鞭和赖草都能够在风蚀坑环境中获取充足的光照(史社裕 等,2011),以此来促进自身分株的生长进而能够达到对风蚀坑修复能力,但植物分株的生长同样也受养分及水分等条件的制约。有学者在对沙生柽柳群落研究时发现,在群落的衰败期,风蚀则会导致其逐步消亡(杨小林 等,2008)。

在荒漠化地区,植物能有效抑制地表风蚀(黄富祥 等,2002),成为荒漠化防治的主要措施(程锋梅 等,2022)。人工固沙植被建立以后,一年生草本植物能够顺应气候变化,通过调节植物生长、生理策略,保证生活史尽快完成(张景光 等,2002)。长期以来,在干旱的沙漠地区发现一年生草本植物对风蚀产生了复杂而多变的反应,并且成为人工固沙区草本层的优势层,对荒漠生态系统生态多样性和生态系统功能的稳定起着重要作用。

河西走廊地处我国西北部,地势平坦,但由于该地区深居我国内陆、干旱并且少雨以及风沙活动发生的极为频繁,使得绿洲镶嵌在广袤的沙漠之中,而该地区也成为我国西北部主要的沙漠化防治区域(张建永 等,2015)。从 1950 年开始,中国为应对沙漠化开始设计并开展了一系列的防风固沙工程,通过采用人工固沙植被方法防止绿洲荒漠化进一步扩大(赵文智 等,2016)。近些年来,随着固沙植被人工林的逐渐发展(王国华 等,2021a),随着固沙年限的增加及植被的增多,且由于当地特殊的气候特征使土壤养分和水分大多积聚在土壤表层,因此使浅根系植物成为该地区人工固沙植被群落下的优势草本层片,其具有繁殖能力强、生活史短暂以及完善的生存策略等优点,能够使缓减地表风沙活动的同时保持沙面稳定、维持荒漠生态系统的生产力(郭文婷 等,2022;Gou et al.,2022a,2022b,2023a)。该地区一年生植物主要由一年生禾本科植物、藜科植物及十字花科植物构成,其中一年生禾本科狗尾草(*Setaria viridis*)和虎尾草(*Chloris virgata*)与一年生藜科雾冰藜(*Bassia dasyphylla*)、白茎盐生草(*Halogeton arachnoideus*)和沙米(*Agriophyllum squarrosum*)是当地的主导植被(任亦君 等,2021)。

本研究以荒漠绿洲边缘5种典型一年生草本植物为研究对象,研究不同风蚀胁迫下其幼苗生长指标、生理指标及光合色素、保护酶活性等方面的变化,探讨5种一年生草本植物在不同风蚀胁迫下外在形态、内在生理及保护酶等响应规律;并通过主成分分析、相关性分析、隶属函数等来探讨测定各指标间的关系,以揭示干旱、半干旱荒漠地区植物的抗风蚀机理。研究结果可以为荒漠绿洲边缘植物恢复和风沙区区域生态系统稳定提供科学依据。

1.1.1　研究内容

本节选取荒漠绿洲边缘5种典型一年生植物禾本科植物:狗尾草(*Setaria viridis*)和虎尾草(*Chloris virgata*),藜科植物:沙米(*Agriophyllum squarrosum*)、白茎盐生草(*Halogeton arachmoideus*)和雾冰藜(*Bassia dasyphylla*)列为研究对象,采用盆栽模拟实验的方式,将5种植物的幼苗处于不同风蚀深度和沙埋深度的环境,围绕"荒漠绿洲边缘5种典型一年生草本植物对风蚀胁迫的响应"这一科学问题,拟开展风蚀深度对5种一年生草本植物的影响:

以CK(不蚀不积)、风蚀2 cm(F1)、风蚀5 cm(F2)和风蚀8 cm(F3),4种不同风蚀深度处理,来观测5种一年生草本植物的生长指标(存活率、株高、主根长、地上部生物量、地下部生物量、总生物量和根冠比);测定不同风蚀程度下5种植物幼苗叶片的生理指标:渗透调节物质(可溶性糖和游离脯氨酸)、丙二醛(MDA)、光合色素含量、根系活力、保护酶活性(SOD、POD和CAT)。通过利用植物幼苗体内的内在的生理变化情况来阐释外部形态变化,以揭示幼苗在风蚀环境下的生长特征及对风蚀环境的适应性。

1.1.2　实验方法

1.1.2.1　研究区概况

该研究区位于河西走廊中部甘肃省张掖市,大部分地区气候干燥,属大陆性荒漠草原气候。晴天多,光照充足,降水稀少;年均降水量约为120 mm;其中7—9月降水量占全年的65%,蒸发量大,年均潜在蒸散量约为2400 mm,年均气温7.6 ℃,≥10 ℃的年积温为3085 ℃·d,无霜期为168 d;年日照时数为3045 h;本区冬季盛行西北风,年均风速3.5 m/s,≥8级以上大风年均为15 d左右,主要集中于3—5月。光照长温差大,频繁的灾害性天气是本区气候的基本特征,是中国西北典型的干旱农区。该地位于绿洲-沙漠过渡区(以风蚀和沙埋为主,图1.1),是巴丹吉林沙漠的延伸,绿洲内部以固定、半固定沙地为主。河西地处于干旱的荒漠带,植被稀疏,覆盖率低,以针叶林、人工林和荒草等为主。在靠近沙漠的绿洲边缘,有防风固沙的人工次生林,绿洲的山坡和南北边缘有天然牧草,绿洲内部也零星分布人工草场和湿地。当前已经形成了以柠条锦鸡儿(*Caragana korshinski*)、梭梭(*Haloxylon ammodendron*)、柽柳(*Tamarix ramosissima*)等为优势固沙灌木的固沙灌木群落(韩以晴 等,2022)。

1.1.2.2　实验材料准备

所用试验材料于2021年9月采自甘肃省临泽县中国科学院临泽内陆河流域综合研究站附近。从不同的母株上采集同一物种的成熟种子,经过良好的处理,自然干燥并充分混合,然后在室内用纸袋储存在黑暗干燥处,备用(图1.2)。

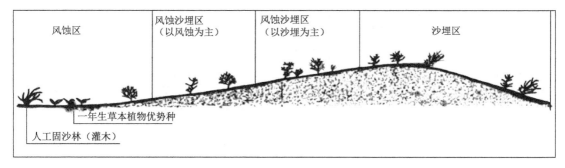

图 1.1 研究区地貌类型示意图

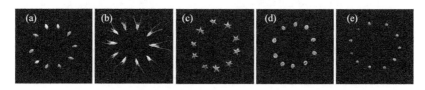

图 1.2 5 种一年生草本植物种子照片
(a)狗尾草;(b)虎尾草;(c)雾冰藜;(d)沙米;(e)白茎盐生草

1.1.2.3 实验方法

盆栽实验(马洋 等,2015)于 2022 年 6 月 12 日在大棚内开始,花盆内直径 20 cm,深 30 cm。盆内装有在 105 ℃条件下烘干 24 h 的沙土,每盆装中沙(粒径 0.25~0.5 mm)3 kg, 在有孔花盆底部铺一层尼龙网,既透气又能防止沙土漏出。选取籽粒饱满、大小基本一致且无病虫害的种子播种,将种子均匀撒在花盆中(距边缘 1 cm 处不撒种子),将 5 种植物种子分别单独种在花盆内,每盆种 50 粒,行间隔为 3 cm,播种深度为 2 cm,为防止出现系统误差,对花盆进行随机摆放,用标签标记。播种后及时浇水(用烧杯等量浇水),以保持沙面经常潮湿,确保种子能够整齐出苗,等幼苗出苗后进行间苗,每盆保留 25 株长势相似的幼苗。每天记录出苗数,当幼苗数量达到最大后 2 周内再无幼苗出土时,视为萌发结束。在萌发结束 3 d 后开始风蚀胁迫处理,不蚀不积为对照 CK,根据幼苗根系裸露深度设置 3 个梯度,风蚀 2 cm(F1)、风蚀 5 cm(F2)和风蚀 8 cm(F3)。风蚀胁迫期间,根据当地年均降水量的情况,设计 3 d 进行浇水一次,使沙土表面保持干燥。模拟风蚀处理时长为 30 d,试验结束统一收取植株幼苗,并将其立即带回存放于 4 ℃的低温冰箱进行保存,测定各项指标。

1.1.2.4 测定方法

5 种一年生草本植物幼苗生长、生理及保护酶活性的测定方法如表 1.1 所示。

表 1.1 5 种一年生草本植物各指标测定方法

测定	指标方法	公式
	形态指标	
幼苗存活率	最终存活幼苗占最大出土幼苗数量的百分比	存活率=最终出苗数/最大苗数×100%
生物量测定	将植株的地下部(根)、地上部为茎(植株被沙埋的茎未单独分开,统一归为茎)和叶装入信封在 75 ℃的烘箱中烘至恒重	总生物量(TB)=地上生物量+地下生物量 根冠比(R/S)=根生物量/地上生物量

续表

测定	指标方法	公式
	生理指标测定	
可溶性糖含量	采用蒽酮比色法	可溶性糖含量$(\mu g/g) = C \times V_t/1000 \times V_s \times W$
游离脯氨酸测定	采用酸性茚三酮法	游离脯氨酸含量$(\mu g/g) = C \times V_t/V_s \times W$
MDA 含量测定	采用硫代巴比妥酸法	MDA 浓度$(\mu mol/L) C_1 = 6.45 \times (OD_{532} - OD_{600}) - 0.56 \times OD_{450}$
		MDA 含量$(\mu moL/g) = C \times V_t/V_s \times W$
		$Ca = 12.21 OD_{663} - 2.810 OD_{646}$
		$Cb = 20.13 OD_{646} - 5.03 OD_{663}$
叶绿素测定	采用80%丙酮法测定叶绿素含量	叶绿素 a 含量$(mg/g) = Ca \times V \times N/W$
		叶绿素 b 含量$(mg/g) = Cb \times V \times N/W$
		总叶绿素含量$(mg/g) = Cr \times V \times N/1000 \times W$
根系活力测定	采用 TTC 法测定根系活力	根系活力$(mg/g \cdot h) = C \times (V/1000)/W \times t$
	保护酶活性	
SOD 活性测定	用氮蓝四唑法测定 SOD 活性	SOD 酶活性$= [(A_0 - A) \times V \times S \times 1000]/(FW \times V_1 \times t)$
POD 活性测定	用愈创木酚显色法测定 POD 活性	POD 酶活性$= [(A - A_0) \times V \times S \times 1000]/(FW \times V_1 \times t)$
CAT 活性测定	用过氧化氢法测定 CAT 活性	CAT 酶活性$= [(A_0 - A) \times V \times S \times 1000]/(FW \times V_1 \times t)$

注:N 表示稀释倍数,C 表示通过查标准曲线得到的可溶性糖/游离脯氨酸值(游离脯氨酸含量),V_t 表示提取液的总体积,V_s 表示测定时所用提取液的体积,w 表示所称取样品的鲜重(可溶性糖含量),OD_{532} 表示待测样品的 532 nm 处吸光度值,OD_{600} 表示待测样品的 600 nm 处吸光度值,OD_{450} 表示待测样品的 450 nm 处吸光度值,OD 表示待测样品吸光度值,V 代表提取酶液总体积,S 代表稀释倍数,t 代表反应时间,FW 代表植物材料鲜重,A_0 代表第一次测量吸光度值,A 代表第二次测量吸光度值。

1.1.3 数据处理

1.1.3.1 隶属函数分析

单一指标评价植物的抗风蚀能力存在一定的不准确性,为提高准确性,对多个指标进行综合分析,隶属函数法能够在多指标测定基础上对植物进行综合客观评价,以克服利用少数指标对植物抗性进行评价的不足(郭郁频 等,2014)。

$$\mu(Z_i) = (Z_i - Z_{i\min})/(Z_{i\max} - Z_{i\min}) \tag{1.1}$$

$$\mu(Z_i) = 1 - (Z_i - Z_{i\min})/(Z_{i\max} - Z_{i\min}) \tag{1.2}$$

式(1.1)和式(1.2)中,$\mu(Z_i)$ 为隶属函数值,i 为某植物幼苗某一指标的测定值,$Z_{i\max}$ 和 $Z_{i\min}$ 分别为指标的最大值和最小值。如果某一指标与抗逆性成负相关,则用反隶属函数计算,见式(1.2)。

1.1.3.2 统计分析

实验数据分析采用 SPSS21.0,通过单因素方差分析(One-Way ANOVA)和 Duncan 显著性检验方法比较不同风蚀深度处理下幼苗各指标的差异性,并进行主成分分析和相关性分析。绘图利用 Origin2021 软件完成。

主成分分析:为避免各指标间因相关性而造成的信息重叠,利用多元方法对 5 种一年生草本植物抗风蚀能力进行科学评价与分析(仝倩 等,2018)。

1.1.4　结果与分析

1.1.4.1　一年生草本植物存活率对风蚀胁迫的响应

　　5种一年生草本植物幼苗存活率在不同风蚀处理下差异显著（$P<0.05$）。其幼苗存活率在风蚀处理下总体呈现降低的趋势。在对照处理（不蚀不积，CK）下，5种植物幼苗的存活率大致达到97%及以上，在风蚀2 cm（F1）处，狗尾草和白茎盐生草还能达到82%以上，雾冰藜则达到了97.3%；但随着风蚀强度的增加，幼苗存活率开始显著下降，尤其在重度风蚀处理（风蚀8 cm，F3）下，虎尾草和沙米存活率降至最低，分别为45.30%和39.77%（见图1.3）。

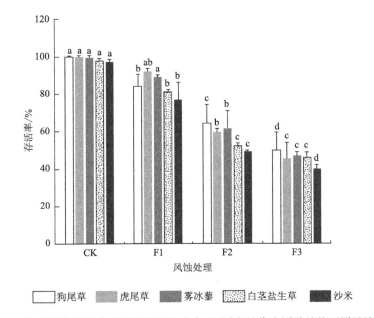

图1.3　5种一年生草本植物存活率对风蚀胁迫的响应（不同字母代表同种植物不同风蚀处理差异显著）

注：CK，不蚀不积；F1，风蚀2 cm；F2，风蚀5 cm；F3，风蚀8 cm

1.1.4.2　一年生草本植物幼苗生长状况对风蚀胁迫的响应

1.1.4.2.1　一年生草本植物株高和主根长对风蚀胁迫的响应

　　5种一年生草本植物幼苗的株高在不同风蚀处理下差异显著（$P<0.05$），均随着风蚀深度的增加呈下降趋势。在风蚀2 cm（F1）处，各幼苗株高减少程度较低，白茎盐生草和沙米幼苗株高减少最低，而随着风蚀程度逐渐加大时，狗尾草、虎尾草以及雾冰藜的幼苗株高的减少程度显著高于其余两个植物，与对照（不蚀不积，CK）相比，分别降低了60.68%、67.91%和70.60%（图1.4a）。

　　在不同风蚀处理下，狗尾草、雾冰藜、白茎盐生草和沙米的主根长差异显著（$P<0.05$），且随着风蚀程度的增加呈先下降后上升的趋势，并且均在风蚀8 cm（F3）处其主根长相对较长，较对照处理（不蚀不积，CK）相比分别增长了23.21%、10.88%、43.23%和16.37%，虎尾草幼苗主根长在各处理下差异不显著（图1.4b）。

1.1.4.2.2　一年生草本植物幼苗生物量的积累及分配对风蚀胁迫的响应

　　5种一年生草本植物幼苗的地上生物量（AGB）、地下生物量（BGB）以及总生物量（TB）的

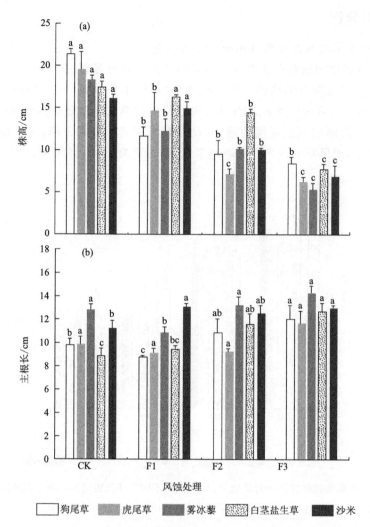

图 1.4　5 种一年生草本植物株高和主根长对风蚀胁迫的响应

（不同字母代表同种植物不同风蚀处理差异显著）

注:CK,不蚀不积;F1,风蚀 2 cm;F2,风蚀 5 cm;F3,风蚀 8 cm

积累量在不同风蚀处理下差异显著（$P<0.05$）,总体呈下降的趋势,并且物种间差异较大。狗尾草、虎尾草和沙米幼苗的 AGB 的积累量在不同风蚀处理下,均随风蚀程度的增加呈下降趋势,与对照相比分别减少了 40.00％、50.34％和 33.34％;而狗尾草、虎尾草以及白茎盐生草幼苗 BGB 的积累量在风蚀处理下总体表现为先增后降的趋势,均在风蚀 5 cm（F2）处呈增加趋势;雾冰藜幼苗的生物量随着风蚀程度的增加总体呈现先上升后下降的趋势,并且也在风蚀 5 cm（F2）处最大,与对照相比增加了 31.37％。5 种一年生草本植物（狗尾草、虎尾草、雾冰藜、白茎盐生草和沙米）幼苗其总生物量均在重度风蚀（风蚀 8 cm,F3）处达到最低,其最低值为最高值的 63.41％、48.15％、76.11％、87.09％和 73.07％（表 1.2）。

表 1.2　不同风蚀深度下 5 种一年生草本植物的生物量

科	种	指标	风蚀处理			
			CK	F1	F2	F3
禾本科	狗尾草	AGB/g	0.75 ± 0.03^b	0.74 ± 0.06	0.61 ± 0.03	0.45 ± 0.04
		BGB/g	0.07 ± 0.01^a	0.08 ± 0.01^a	0.09 ± 0.02^a	0.07 ± 0.01^a
		TB/g	0.81 ± 0.03^a	0.82 ± 0.06^a	0.70 ± 0.04^b	0.52 ± 0.04^c
禾本科	虎尾草	AGB/g	1.03 ± 0.01^a	0.66 ± 0.05^b	0.65 ± 0.04^b	0.46 ± 0.05^c
		BGB/g	0.05 ± 0.00^b	0.07 ± 0.01^b	0.09 ± 0.01^a	0.07 ± 0.01^b
		TB/g	1.08 ± 0.02^a	0.74 ± 0.02^b	0.74 ± 0.02^b	0.52 ± 0.05^c
藜科	雾冰藜	AGB/g	0.60 ± 0.02^a	0.48 ± 0.03^b	0.61 ± 0.05^a	0.44 ± 0.03^b
		BGB/g	0.06 ± 0.01^a	0.05 ± 0.00^a	0.05 ± 0.00^b	0.07 ± 0.02^a
		TB/g	0.66 ± 0.02^a	0.53 ± 0.03^b	0.67 ± 0.05^a	0.51 ± 0.03^b
	白茎盐生草	AGB/g	0.25 ± 0.02^a	0.28 ± 0.01^a	0.22 ± 0.01^a	0.25 ± 0.01^a
		BGB/g	0.02 ± 0.00^b	0.03 ± 0.01^b	0.05 ± 0.02^a	0.04 ± 0.01^a
		TB/g	0.27 ± 0.02^a	0.31 ± 0.01^a	0.27 ± 0.01^a	0.28 ± 0.01^a
	沙米	AGB/g	0.24 ± 0.02^b	0.23 ± 0.01^b	0.27 ± 0.01^a	0.16 ± 0.01^b
		BGB/g	0.02 ± 0.00^b	0.02 ± 0.00^b	0.05 ± 0.01^a	0.02 ± 0.00^b
		TB/g	0.26 ± 0.02^b	0.26 ± 0.02^b	0.32 ± 0.02^a	0.19 ± 0.01^b

注:AGB:地上生物量;BGB:地下生物量;TB:总生物量。a、b、c 代表不同处理下测定指标之间存在显著差异。

根冠比反映了植物在分配地上和地下生物量方面的策略,是调节植物生长的一个重要指标。从图 1.5 可以看出,在不同风蚀处理下,5 种一年生草本植物幼苗根冠比差异显著($P<$ 0.05)。5 种一年生草本植物根冠比均呈现先降低后增加的趋势,在风蚀处理后期(风蚀 5 cm, F2;风蚀 8 cm,F3)处根冠比逐渐增加并且达到最大值,与最低值相比分别增加了 147.58%、 128.16%、352.19%、104.59%和 136.91%,其中雾冰藜根冠比增幅最大(图 1.5)。

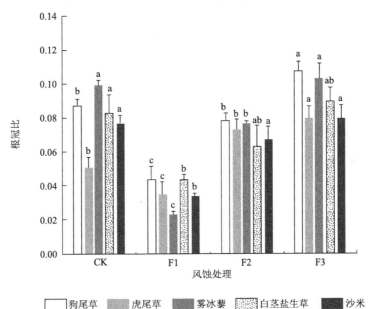

图 1.5　5 种一年生草本植物幼苗根冠比对风蚀胁迫的响应(不同字母代表同种植物不同风蚀处理差异显著)
注:CK,不蚀不积;F1,风蚀 2 cm;F2,风蚀 5 cm;F3,风蚀 8 cm

1.1.4.3 一年生草本植物幼苗叶片生理代谢对风蚀胁迫的响应

1.1.4.3.1 一年生草本植物幼苗叶片渗透调节物质(游离脯氨酸和可溶性糖)对风蚀胁迫的响应

5 种一年生草本植物幼苗叶片渗透调节物质(游离脯氨酸和可溶性糖)在不同风蚀处理下差异显著($P<0.05$)。狗尾草和白茎盐生草幼苗游离脯氨酸含量均呈现先降低后随风蚀程度的增加而逐渐上升,其峰值与对照(不蚀不积,CK)处相比,狗尾草幼苗游离脯氨酸含量增加的幅度最大,为133.81%。而在风蚀2 cm(F1)处,虎尾草幼苗叶片游离脯氨酸含量小幅上升后下降,并且在风蚀8 cm(F3)处达到最高值,但虎尾草幼苗游离脯氨酸含量的增幅最低,最高值与最低值相比只增加了19.93%;而雾冰藜和沙米幼苗叶片的游离脯氨酸含量则随风蚀程度的增加呈现逐渐升高的趋势,并且均在风蚀8 cm(F3)处达到最大值,与对照相比分别增加了51.56%和60.02%(图1.6a)。

狗尾草、虎尾草、雾冰藜和白茎盐生草幼苗叶片可溶性糖含量均随风蚀程度的增加呈上升趋势,在风蚀8 cm(F3)处达到了最大值,与对照(不蚀不积,CK)相比分别增加了134.71%、127.15%、189.78%和308.65%。而沙米幼苗可溶性糖含量则呈先下降后上升的趋势,最大值与最低值相比增加了173.14%;在风蚀8 cm(F3)处,白茎盐生草幼苗可溶性糖含量的增幅最大,为308.66%;雾冰藜幼苗可溶性糖含量在风蚀8 cm处最高,为7.27 mg/g,而虎尾草可溶性糖含量在各风蚀处理下的值均为最低,分别为1.64 mg/g、2.35 mg/g、3.84 mg/g和3.73 mg/g(图1.6b)。

1.1.4.3.2 一年生草本植物幼苗叶片丙二醛对风蚀胁迫的响应

5 种一年生草本植物幼苗叶片丙二醛(MDA)含量在不同风蚀处理下差异显著($P<0.05$)。各植物幼苗叶片在遭受风蚀时,其MDA含量均表现出逐渐增加的趋势,且随风蚀程度的增加而增加。狗尾草、雾冰藜和沙米幼苗叶片MDA含量在风蚀2 cm(F1)处增幅较为缓慢,分别达到了0.03 μmol/g、0.03 μmol/g和0.05 μmol/g;而在风蚀8 cm(F3)处时,虎尾草、白茎盐生草和沙米幼苗叶片MDA含量则呈现快速积累的趋势且含量明显高于对照(不蚀不积,CK),且沙米幼苗MDA含量增幅最大,为72.14%,其次是虎尾草幼苗,增加幅度为56.44%。而且白茎盐生草幼苗MDA含量在各处理下均高于其他一年生草本植物幼苗,分别为0.08 μmol/g、0.12 μmol/g、0.23 μmol/g、0.30 μmol/g(图1.7)。

1.1.4.3.3 一年生草本植物幼苗叶片光合色素对风蚀胁迫的响应

5 种一年生草本植物幼苗叶片光合色素含量在不同风蚀处理下差异显著($P<0.05$)。狗尾草和雾冰藜幼苗叶片叶绿素 a 含量在风蚀2 cm(F1)处达到最大值,分别为0.69 mg/g和0.39 mg/g,而狗尾草、白茎盐生草和沙米幼苗叶绿素 a 含量在不蚀不积(CK)处含量最大,分别为0.68 mg/g、0.38 mg/g和0.34 mg/g(图1.8a);虎尾草幼苗叶绿素 b 含量在风蚀2 cm处仍然最大,为0.19 mg/g,而雾冰藜幼苗叶绿素 b 含量则在风蚀5 cm(F2)处达到最大值,为0.48 mg/g;而狗尾草、白茎盐生草和沙米幼苗叶片叶绿素 b 含量均随风蚀程度的增加呈下降趋势,在风蚀8 cm(F3)处降至最低,分别为0.17 mg/g、0.27 mg/g和0.11 mg/g(图1.8b);虎尾草、白茎盐生草和沙米幼苗叶绿素 a/b 随风蚀程度的增加逐渐降低,而狗尾草和雾冰藜幼苗叶绿素 a/b 随风蚀程度的增加呈现先增加后降低的趋势(图1.8c);狗尾草、雾冰藜、白茎盐生草以及沙米幼苗总叶绿素含量均呈现随风蚀程度增加而逐渐降低的趋势,与对照相比,分别减少了53.55%、16.08%、11.82%和76.88%(图1.8d)。

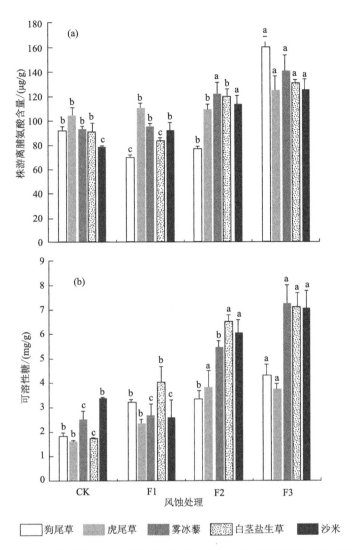

图 1.6　5 种一年生草本植物渗透调节物质(游离脯氨酸和可溶性糖)对风蚀胁迫的响应

(不同字母代表同种植物不同风蚀处理差异显著)

注:CK,不蚀不积;F1,风蚀 2 cm;F2,风蚀 5 cm;F3,风蚀 8 cm

1.1.4.3.4　一年生草本植物幼苗根系活力对风蚀胁迫的响应

根是重要的器官,植物通过它从土壤中吸收养分和水分,也是植物生长发育的基础。5 种一年生草本植物幼苗根系活力在不同风蚀处理下差异显著($P < 0.05$),根系活力均随着风蚀程度的增加,大致呈先升高后降低的趋势。在 CK(不蚀不积)处,狗尾草、虎尾草、雾冰藜、白茎盐生草和沙米幼苗的根系活力分别为 9.17 mg/(g·h)、9.28 mg/(g·h)、8.33 mg/(g·h)、6.83 mg/(g·h)和 7.25 mg/(g·h);在风蚀 2 cm(F1)处,雾冰藜和白茎盐生草植物根系活力达到最大值,与对照相比分别升高了 20.01%和 31.71%;随后,各植物根系活力随风蚀程度的增加,根系活力开始逐渐降低,并且在风蚀 8 cm(F3)处达到最低值,与最大值相比,各植物幼苗根系活力分别减少了 52.73%、63.47%、45.33%、63.41%和 59.39%(图 1.9)。

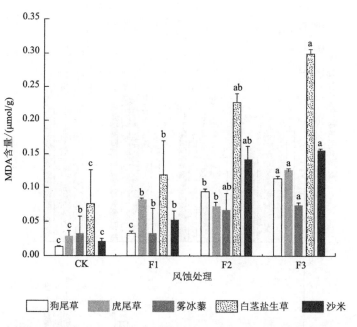

图 1.7   5种一年生草本植物丙二醛(MDA)含量对风蚀胁迫的响应(不同字母代表同种植物不同风蚀处理差异显著)

注:CK,不蚀不积;F1,风蚀 2 cm;F2,风蚀 5 cm;F3,风蚀 8 cm

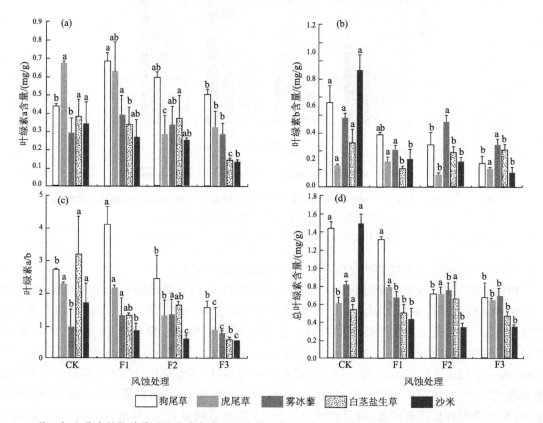

图 1.8   5种一年生草本植物幼苗叶片光合色素对风蚀胁迫的响应(不同字母代表同种植物不同风蚀处理差异显著)

注:CK,不蚀不积;F1,风蚀 2 cm;F2,风蚀 5 cm;F3,风蚀 8 cm

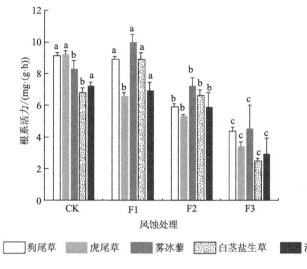

图 1.9　5 种一年生草本植物幼苗根系活力对风蚀胁迫的响应

（不同字母代表同种植物不同风蚀处理差异显著）

注:CK,不蚀不积;F1,风蚀 2 cm;F2,风蚀 5 cm;F3,风蚀 8 cm

1.1.4.4　一年生草本植物幼苗保护酶活性对风蚀胁迫的响应

5 种一年生草本植物幼苗叶片保护酶活性在不同风蚀处理下差异显著($P<0.05$)。在不同风蚀处理下,狗尾草和虎尾草幼苗叶片 SOD 活性随风蚀程度的增加呈先下降后上升的趋势,在风蚀 2 cm(F1)处分别下降至 250.99 U/g FW 和 179.62 U/g FW;后随风蚀程度的增加而逐渐增大,均在风蚀 8 cm(F3)处达到最大值,最低值为最高值的 80.37% 和 85.18%;而白茎盐生草幼苗叶片 SOD 活性则随风蚀程度的增加呈现先升高后下降最后再快速升高的趋势,在重度风蚀(F8)下增至 209.09 U/g FW,最低值为最高值的 50.56%;而雾冰藜和沙米幼苗叶片 SOD 活性则随风蚀程度的增加而逐渐增大,与对照相比分别增加了 96.31% 和 54.48%(图 1.10a)。

由图 1.10b 可知,5 种一年生草本植物幼苗叶片 POD 活性随风蚀程度的增加而逐渐增加,其中狗尾草、虎尾草和沙米在风蚀 2 cm(F1)处与对照(不蚀不积)相比增加缓慢,分别为 47.34 U/(g·min)、33.19 U/(g·min)和 34.68 U/(g·min);在风蚀 8 cm(F3)处时,各植物幼苗叶片 POD 活性达到最大值,分别为 84.86 U/(g·min)、78.75 U/(g·min)、89.61 U/(g·min)、69.52 U/(g·min)、55.61 U/(g·min),与对照相比分别增加了 96.95%、143.20%、112.31%、154.47% 和 91.51%,其中白茎盐生草 POD 活性增幅最大。

由图 1.10c 可知,狗尾草和虎尾草幼苗叶片 CAT 活性随风蚀程度的增加均呈现先减少后增加的趋势,在风蚀 2 cm(F1)处降至最低,分别为 54.83 和 43.33,后逐渐增大,与最低值相比分别增加了 96.05% 和 90.67%;而白茎盐生草和沙米幼苗 CAT 活性随风蚀程度的增加呈升-降-升的趋势,在风蚀 5 cm(F2)处降至最低,分别为 51.50 U/(g·min)和 54.17 U/(g·min),后迅速增至最大,与最低值相比分别增加了 97.41% 和 96.92%;而雾冰藜幼苗叶片 CAT 活性则呈现逐渐增加的趋势,在风蚀 8 cm(F3)处达到最峰值,与对照相比增加了 69.51%。

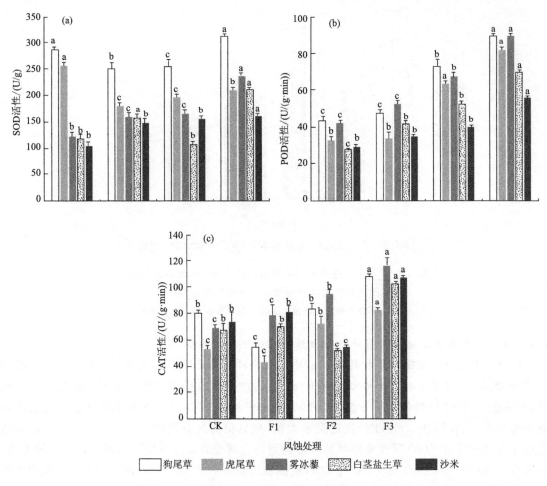

图 1.10　5 种一年生草本植物幼苗叶片保护酶活性对风蚀胁迫的响应
（不同字母代表同种植物不同风蚀处理差异显著）
注：CK，不蚀不积；F1，风蚀 2 cm；F2，风蚀 5 cm；F3，风蚀 8 cm

1.1.4.5　风蚀胁迫下一年生草本植物幼苗相关性状间的主成分分析及隶属函数分析

　　通过主成分分析，以累计方差贡献率大于 80% 且特征值≥1 作为判断条件，将风蚀处理下的 12 个测定指标转换成 3 个主成分，作为综合指标（comprehensive index，CI）。同一指标特征向量的最大绝对值所在主成分即为所属主成分（仝倩 等，2018）。在风蚀处理下，主根长在第 1 主成分中系数最大，其次是存活率、总生物量和株高，大致概括为生长状况因子，解释 56.243% 的贡献率；第 2 主成分中 SOD 系数最大，其次是 POD 和 CAT，可概括为保护酶活性因子，解释 15.230% 的贡献率；第 3 主成分中可溶性糖系数最大，其次是游离脯氨酸和叶绿素，可概括为生理代谢因子和光合色素因子，解释 10.782% 的贡献率（表 1.3 和图 1.11）。

表 1.3　风蚀胁迫下 5 种一年生草本植物幼苗各生理及生长指标主成分分析

主成分	CI$_1$	CI$_2$	CI$_3$
特征值	7.874	2.132	1.509
贡献率/%	56.243	15.230	10.782
累计贡献率/%	56.243	71.473	82.255

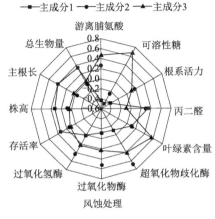

图 1.11　所测 12 个生理和形态指标主成分特征向量

　　对 5 种一年生草本植物幼苗各项形态和生理指标进行隶属函数值计算及排序,平均值越大则抗性越强,反之越弱。表 1.4 表明,在风蚀处理下,狗尾草、虎尾草、雾冰藜、白茎盐生草和沙米的指标平均隶属函数值分别为 0.479、0.447、0.466、0.460 和 0.433(表 1.4),其抗风蚀能力大小为:狗尾草>雾冰藜>白茎盐生草>虎尾草>沙米。

表 1.4　风蚀胁迫下 5 种一年生草本植物各项测定指标的隶属函数值

测定指标		狗尾草	虎尾草	雾冰藜	白茎盐生草	沙米
幼苗存活率		0.537	0.523	0.422	0.564	0.566
生理指标	渗透调节物质　游离脯氨酸	0.418	0.362	0.472	0.354	0.306
	可溶性糖	0.324	0.392	0.484	0.547	0.312
	膜脂过氧化物　丙二醛	0.357	0.631	0.619	0.57	0.438
	根系活力	0.473	0.627	0.544	0.436	0.579
光合色素指标	叶绿素	0.466	0.292	0.284	0.401	0.428
	叶绿素 a	0.557	0.324	0.379	0.382	0.408
	叶绿素 b	0.341	0.275	0.371	0.412	0.508
	叶绿素 a/b	0.695	0.303	0.262	0.389	0.186
保护酶指标	SOD	0.578	0.382	0.562	0.473	0.477
	POD	0.536	0.452	0.552	0.439	0.433
	CAT	0.58	0.576	0.538	0.475	0.557

测定指标		狗尾草	虎尾草	雾冰藜	白茎盐生草	沙米
生长指标	主根长	0.528	0.407	0.422	0.606	0.334
	株高	0.381	0.591	0.588	0.546	0.459
	地上生物量	0.45	0.6	0.515	0.456	0.558
	地下生物量	0.513	0.335	0.432	0.506	0.317
	总生物量	0.467	0.523	0.649	0.452	0.561
	根冠比	0.572	0.494	0.378	0.351	0.483
平均值		0.479	0.447	0.466	0.460	0.433
抗风蚀排名		1	4	2	3	5

1.1.5　讨论

1.1.5.1　风蚀对5种一年生草本植物幼苗存活率的影响

在生态脆弱的风沙区,风沙活动频繁,直接影响着风沙区生物资源的可持续利用与发展(于云江 等,2002)。而植物的存活是保障这些地区生态安全的重要资源。本研究发现,风蚀处理对5种植物的存活率有着显著的抑制作用,存活率均随风蚀处理的加剧逐渐下降。其中,虎尾草和沙米在重度风蚀(风蚀8 cm,F3)处理下存活率较低。这表明,在较为严重的风蚀活动条件下,其植物幼苗耐风蚀性降低。风蚀已被证明对植物有很大的负面影响,风蚀使得植物根系大部分暴露于高温以及干旱的环境当中,因此,幼苗极易因裸根的曝晒而死亡,最终导致其存活率降低(米志英 等,2005)。张孝仁等(1992)发现当风蚀超过10 cm时,植物幼苗存活率就会降低,植物生长也会减少,这与本研究结果一致。

1.1.5.2　风蚀对5种一年生草本植物幼苗生长状况的影响

植物的本能是适应其环境,当植物受到环境条件的压力时,它们通常试图通过调整自身物质的分配来尽量减小对其生长和发育的影响(李晓靖 等,2018)。本研究发现,在风蚀处理下,5种一年生草本植物幼苗的株高显著降低,尤其是在风蚀程度最大(风蚀8 cm,F3)时,狗尾草、虎尾草和雾冰藜的株高显著降低,这主要是在荒漠环境中的浅根系草本植物对水分响应敏感,当植物幼苗由于风蚀而导致根部水分缺失时,其植物本身会将能量物质的分配更多地向根部转移积累。因此,5种一年生草本植物在重度风蚀下,主根长较长,以此来寻求水分,适应因根系裸露于外界而造成的干旱环境,对地上部分(茎叶)的投入就会相对较低。在轻度风蚀下,各植物幼苗主根长也有不同程度的减少(虎尾草除外),后随风蚀处理的增加有所增加。

同时,在风蚀程度加剧的情况下,植物光合作用会受到抑制,阻碍植物碳同化,降低植物的干物质积累,进而影响植物的生长量(郭索彦,2010)。本研究发现,各植物幼苗根冠比随风蚀程度的增加而显著增大,而地上部分生物量则有所减少,这表明生物量分配向根系转移,提高根冠比来顺应环境,可见各功能器官对于风蚀响应的敏感性不同,在环境胁迫严重时使幼苗将更多的生物量用于根系的生长发育,而根部的生长有利于幼苗对水分和营养元素的吸收来避免因风蚀对其造成的影响。有研究表明,风蚀会对植株造成损伤,严重阻碍正常生长发育,持续风蚀使植物出现长势衰弱或生长衰退现象,增加了植物发生病虫的条件,使其提早老化或发生死亡现象(史社裕 等,2011)。

1.1.5.3　风蚀对 5 种一年生草本植物幼苗生理指标的影响

对于根系分布较浅的植物幼苗来说,风蚀会使其根系覆盖的土减少或根系裸露,风蚀危害会使植物吸水能力降低,为了适应环境,植物幼苗必须采取生理适应和形态适应来保证自身的生长发育(李生宇 等,2013)。在风蚀处理下,各植物幼苗在应对由风蚀胁迫时,幼苗叶片内均会产生大量的游离脯氨酸和可溶性糖来应对风蚀,这些物质的作用是维持渗透势,支持植物细胞对水的持续吸收,并在叶细胞组织中保持一定的持水力(朱军涛 等,2011)。本研究发现,在风蚀处理下,狗尾草、雾冰藜、白茎盐生草和沙米幼苗在不蚀不积(CK)和风蚀 2 cm(F1)下游离脯氨酸含量均有增加,藜科植物(雾冰藜、白茎盐生草和沙米)在风蚀处理下可溶性糖含量增幅较大,对环境胁迫的抵抗发挥着重要作用。

环境胁迫导致氧自由基的高度积累,膜脂过氧化和丙二醛(MDA)持续增加,从而导致细胞膜损伤,膜通透性增加致使细胞死亡(Pagter et al.,2005)。因此,植物中 MDA 含量和膜透性的变化往往表明细胞损伤的程度(周瑞莲 等,2001)。本研究发现,风蚀处理下各植物 MDA 含量显著升高,由于 MDA 的快速积累,大大降低了 5 种植物的存活率和植株高度,特别是白茎盐生草幼苗其存活率和株高降低显著,并与 MDA 呈显著负相关($P < 0.05$)。

根系活力是一个基本的生理指标,在恶劣环境下最直接的受害部分是植物的根系(王艳会 等,2021)。本研究发现,在风蚀处理下,雾冰藜和白茎盐生草根系活力随风蚀处理呈先上升后下降的趋势,这说明适度的胁迫能够使植物的根系维持在较高的活力。相关研究表明,植物的地下和地上部分是相互协调的,地上部分的生长和营养状况直接受到根系的生长和活力的影响(周丽平 等,2019),且许多对植物的研究发现,适度的沙埋有利于植物生长,而风蚀则会阻碍植株的正常生长发育。其中,植物的光合器官可以对环境做出快速反应,但作为光合作用的主要器官,叶片对环境的变化更为敏感。叶绿素在光合作用中吸收和转化光能,并决定光合作用的强度、生物量积累和植物生长(杜祥备 等,2019)。本研究发现,风蚀胁迫下,虎尾草、白茎盐生草和沙米幼苗叶片的叶绿素 a、叶绿素 b、总叶绿素含量以及叶绿素 a/b 含量均随风蚀程度的增加而下降,雾冰藜幼苗叶绿素 b、叶绿素含量以及叶绿素 a/b 的含量在风蚀 2 cm(F1)处达到最高后随风蚀的增加而降低。这主要是由于植物幼苗通过降低自身光合色素的含量,以及弱的光合作用从而达到维持较低的营养生长,这与马洋等(2015)研究发现风蚀胁迫下叶绿素含量降低的结果相吻合。

相关性分析表明,各植物幼苗生长与生理参数之间有明显相关性,特别是渗透调节物质和保护酶活性呈显著相关关系,且大多呈极显著相关关系($P < 0.01$,表 1.5)。这说明在风蚀的影响下,渗透调节物质维持叶片水分平衡,游离脯氨酸起到防止酶退化的作用,它们的共同作用对植物的生长起着重要的保护功能(见表 1.5)。

表 1.5　风蚀处理下 5 种植物生长与生理指标间的相关性分析

物种	指标	风蚀处理							
		游离脯氨酸	可溶性糖	MDA	叶绿素	根系活力	SOD	POD	CAT
狗尾草	存活率	0.432	0.670*	−0.426	0.484	0.734**	0.874**	0.039	0.179
	株高	0.654*	0.651*	−0.666*	0.185	0.651*	0.572	0.058	0.278
	主根长	0.284	0.266	−0.768**	0.581*	0.060	0.744**	0.705*	0.867**
	总生物量	0.443	0.485	−0.221	0.697**	0.874**	0.718**	0.227	−0.094

物种	指标	风蚀处理							
		游离脯氨酸	可溶性糖	MDA	叶绿素	根系活力	SOD	POD	CAT
虎尾草	存活率	0.207	0.506	−0.869**	0.248	0.188	0.974**	0.939**	0.923**
	株高	0.108	0.44	−0.743**	0.349	0.592*	0.649*	0.814**	−0.635*
	主根长	0.316	0.126	−0.087	0.059	0.215	0.422	0.370	−0.105
	总生物量	0.167	0.101	−0.904**	0.414	0.051	0.724**	0.831**	0.729**
雾冰藜	存活率	0.718**	0.739**	−0.891**	0.096	0.157	0.089	0.432	0.923**
	株高	0.450	0.451	−0.496	0.008	0.393	0.729**	0.574	0.675*
	主根长	0.089	0.360	0.433	0.258	0.222	0.824**	0.504	0.029
	总生物量	0.184	0.079	−0.198	0.379	0.436	0.829**	0.623*	0.444
白茎盐生草	存活率	0.723**	0.951**	−0.740*	0.129	0.620*	0.075	0.322	0.886**
	株高	0.736**	0.774**	−0.632*	0.330	0.344	0.869**	0.010	0.932**
	主根长	0.371	0.273	0.341	0.299	0.370	0.358	0.693*	−0.207
	总生物量	0.256	0.019	−0.479	0.242	0.204	0.616*	0.627*	0.003
沙米	存活率	0.856**	0.912**	−0.860**	0.745**	0.786**	0.577	0.981**	0.756**
	株高	0.643*	0.807**	−0.676*	0.440	0.888**	0.827**	0.880**	0.936**
	主根长	0.655*	0.760**	0.686*	0.557	0.536	0.611*	0.802**	0.741**
	总生物量	0.085	0.318	−0.216	0.156	0.51	0.883**	0.439	0.608*

注：* 表示 $P<0.05$；* * 表示 $P<0.01$。

1.1.5.4 风蚀对 5 种一年生草本植物幼苗保护酶活性的影响

三种主要的植物保护酶——SOD、POD 以及 CAT，对于清除活性氧（ROS）和维持正常的植物代谢方面起着重要作用（谢志玉 等，2018）。在逆境胁迫下，植物体内的自由基的生成与消除之间的平衡便会被打破，从而引起膜脂过氧化而造成对细胞的伤害；而氧自由基通过氧化作用影响膜透性，以此来影响植物的生长。随着风蚀程度增加，植物体内对 ROS 消除速度低于其产生速度，导致 ROS 产生过多，抑制植物生长。本研究发现，在风蚀处理下，狗尾草和虎尾草幼苗叶片 SOD 活性和 CAT 活性随风蚀程度的增加呈先下降后上升的趋势，而雾冰藜和白茎盐生草则呈现先升高后下降最后缓慢升高的趋势，POD 活性则随风蚀程度的增加而逐渐增加。植物通常能够将使保护酶活性维持在一个较高的水平，在促进清理氧自由基、减少伤害的同时，增加细胞渗透势来减少细胞渗漏，增加抗风蚀能力。

1.1.5.5 风蚀胁迫对 5 种一年生草本植物幼苗的影响机制

本研究发现，风蚀处理显著影响着幼苗的生长，不同物种的抗风蚀性具有一定的差异（图 1.12）。即风蚀环境信号作用下，各植物幼苗以营养生长为主，通常还会出现一些明显可见的表型特征，如根系裸露使得植物倒伏、叶片萎蔫、发干、株高下降等。在重度风蚀下加大对地下营养器官的构建，以适应因根系裸露于外界而造成的干旱环境。狗尾草和雾冰藜能够较好的通过调节生理代谢、保护酶活性，以保障幼苗存活率，最终达到抗风蚀的目的。

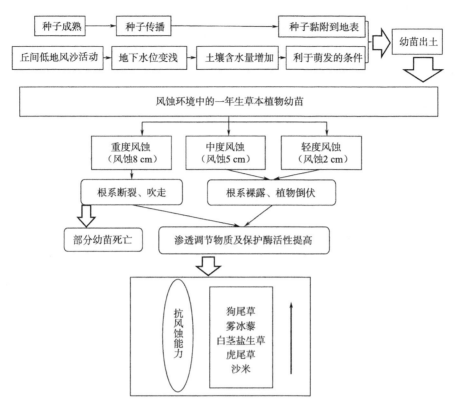

图 1.12　风蚀对 5 种一年生草本植物幼苗的影响机制示意图

1.2　一年生草本植物对沙埋胁迫的响应

荒漠绿洲过渡带长期的风沙环境也使得植被对风蚀沙埋具有一定的适应能力,大多植被都具有生长快速、植株低矮、稳定性好、存活性较强,以及种子不易被风吹走,能够快速生根发芽且极耐沙埋的能力(王彦武,2016)。有研究发现,随着沙埋深度的增加,多年生禾草沙鞭其种子的萌发率以及幼苗的出土数量均会减少,但在浅层沙埋时出土率最高(林涛,2009),对羊柴(*Hedysarum mongolicum*)幼苗研究发现,轻度的沙埋有利于幼苗生物量的积累以及相对生长速率的提升,但当沙埋深度与幼苗株高相同时,70%的幼苗会死亡,当埋深是株高的 1.33倍时,幼苗全部死亡(Zhang et al.,2002)。刘海江等(2005)认为,在沙质上生长的中间锦鸡儿(*Caragana intermedia*)幼苗在沙埋地上植株的 1/3 处和近一半的沙埋情况时,不会使幼苗死亡,但沙埋达到幼苗顶部时,少部分幼苗会死亡。调查表明,毛乌素沙地上的锦鸡儿(*Caragana korshinskii*)和羊柴(*Hedysarum mongolicum*)在适度的沙埋与适宜水分条件下,可以确保幼苗的生长,但严重的沙埋与过量的水分反而会阻碍植物的生长,甚至造成死亡(李文婷 等,2010)。

沙埋与风蚀是两个重要的选择因素,尤其是对荒漠地区沙地植物分布与扩展(何玉惠 等,2008)。外界生存环境的改变,植物通过改变一系列的生理特征和形态习性来适应生物与非生物条件的变化(李强 等,2011)。因此,研究沙埋对植物生长及生理之间的联系,能够了解其对植物造成影响。沙埋被认为在一定程度上减少了物种的丰富度,增加了耐沙埋物种的多度。同时,沙埋程度增加会造成植物的种内、种间竞争下降,筛选出不适应沙埋的物种,改变沙地植被的物种组成。

1.2.1 研究内容

选取荒漠绿洲边缘 5 种典型一年生植物禾本科植物:狗尾草(*Setaria viridis*)和虎尾草(*Chloris virgata*),藜科植物:沙米(*Agriophyllum squarrosum*)、白茎盐生草(*Halogeton arachmoideus*)和雾冰藜(*Bassia dasyphylla*)列为研究对象,采用盆栽模拟实验的方式,将 5 种植物的幼苗处于不同沙埋深度的环境,围绕"荒漠绿洲边缘 5 种典型一年生草本植物对沙埋胁迫的响应"这一科学问题,拟开展科学研究:

以 CK(不蚀不积)、1/3H 沙埋深度(S1)、2/3H 沙埋深度(S2)和 3/3H 沙埋深度(S3),4 种不同沙埋处理(H 为沙埋深度),观测的生长指标及生理指标与 1.1 节相同。同样通过植物内的生理变化来阐述其外在的形态变化情况,从而更好地了解幼苗生长的最适宜沙埋深度、生长特征及对沙埋环境的适应性。

1.2.2 方法与处理

1.2.2.1 研究区概况

甘肃省张掖市临泽县(38°57′—39°42′N,99°51′—100°30′E)位于河西走廊中部,东邻甘州区,西接高台县,南与肃南裕固族自治县毗邻,北与内蒙古阿拉善右旗相邻(黄晶 等,2022),属大陆性荒漠草原气候,年均降水量约为 120 mm 蒸散量约为 2400 mm(李启森 等,2004)。研究区海拔 1356~2170 m,地势平坦,以平坡为主,整体地形特征是"两山夹一川",南北分别为祁连山区和合黎山剥蚀残山区,中部为走廊平原区。地带性土壤均为灰钙土和风沙土,风沙流易在风的强烈作用下形成,使植物遭受风蚀沙埋危害(鲁玉超,2014)。

1.2.2.2 实验方法

选取籽粒饱满、大小基本一致且无病虫害的种子播种,将种子均匀撒在花盆中(距边缘 1 cm 处不撒种子),将 5 种植物种子分别单独种在花盆内,每盆种 50 粒,行间隔为 3 cm,播种深度为 2 cm,为防止出现系统误差,对花盆进行随机摆放,用标签标记。播种后及时浇水(用烧杯等量浇水),以保持沙面经常潮湿,确保种子能够整齐出苗,等幼苗出苗后进行间苗,每盆保留 25 株长势相似的幼苗。每天记录出苗数,当幼苗数量达到最大后 2 周内再无幼苗出土时,视为萌发结束。在萌发结束 3 d 后开始沙埋胁迫处理,设定 3 个沙埋梯度:1/3 沙埋(S1)、2/3 沙埋(S2)和 3/3 沙埋(S3),每个处理 10 个重复。在沙埋胁迫期间,根据当地年均降水量的情况,设计 3 d 进行浇水一次,使沙土表面保持干燥。模拟沙处理时长为 30 d,试验结束统一收取植株幼苗,并将其立即带回存放于 4 ℃ 的低温冰箱进行保存,测定各项指标。

1.2.2.3 数据处理

实验数据分析采用 SPSS21.0,通过单因素方差分析(One-Way ANOVA)和 Duncan 显著性检验方法比较不同沙埋深度处理下幼苗各指标的差异性,并进行主成分分析和相关性分析。绘图利用 Origin2021 软件完成。

主成分分析:为避免各指标间因相关性而造成的信息重叠,利用多元方法对5种一年生草本植物耐沙埋能力进行科学评价与分析。

1.2.3 结果分析

1.2.3.1 一年生草本植物存活率对沙埋胁迫的响应

5种一年生草本植物幼苗存活率在不同沙埋处理下差异显著($P<0.05$)。由图1.13可知,各植物幼苗存活率在不蚀不积(CK)处存活率较高,狗尾草和雾冰藜在$2/3H$沙埋深度(S2)处存活率仍然较高,分别为93.7%和85.67%;虎尾草幼苗存活率在$1/3H$沙埋深度(S1)和$2/3H$沙埋深度(S2)处仍有较高的存活率;随着沙埋程度的增加,白茎盐生草和沙米幼苗的存活率显著减少,当全部沙埋($3/3H$沙埋,S3)时,白茎盐生草存活率达到最低,为57.43%(图1.13)。

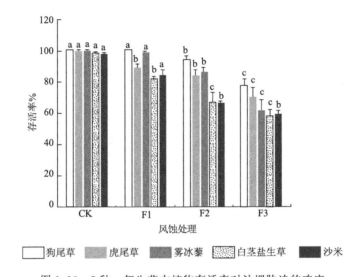

图1.13 5种一年生草本植物存活率对沙埋胁迫的响应

(不同字母代表同种植物不同沙埋处理差异显著)

注:CK表示不蚀不积;S1表示$1/3H$沙埋;S2表示$2/3H$沙埋;S3表示$3/3H$沙埋

1.2.3.2 一年生草本植物幼苗生长状况对沙埋胁迫的响应

1.2.3.2.1 一年生草本植物幼苗株高和主根长对沙埋胁迫的响应

不同沙埋处理下5种一年生草本植物幼苗株高差异显著($P<0.05$),均随沙埋深度的增加呈先增高后降低的趋势。狗尾草、虎尾草和雾冰藜在$1/3H$沙埋(S1)处理时株高最高,后随沙埋深度的增加逐渐降低,最低值为最高值的38.02%、34.47%和36.38%。当沙埋深度达到最大($3/3H$沙埋,S3)时,5种植物幼苗株高减少至最低,与对照相比分别减少57.41%、62.12%、63.16%、55.49%和64.03%。其中,白茎盐生草幼苗株高对照相比差异不显著(图1.14a)。

在不同沙埋处理下,狗尾草、虎尾草和白茎盐生草的幼苗主根长在$1/3H$沙埋(S1)下与对照相比差异不显著,后随沙埋深度的增加主根长逐渐减少,与对照相比分别减少24.57%、32.09%和28.19%,雾冰藜幼苗的主根长与对照相比,减少了29.79%,其中狗尾草和雾冰藜主根长减少幅度最低;而沙米幼苗的主根长则随沙埋深度的增加缓慢减少,与对照相比减少了

31.25%（图 1.14b）。

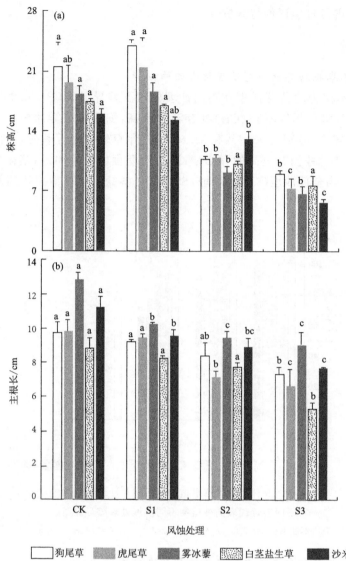

图 1.14　5 种一年生草本植物株高和主根长对沙埋胁迫的响应

（不同字母代表同种植物不同沙埋处理差异显著）

注：CK 表示不蚀不积；S1 表示 1/3H 沙埋；S2 表示 2/3H 沙埋；S3 表示 3/3H 沙埋

1.2.3.2.2　一年生草本植物幼苗生物量的积累及分配对沙埋胁迫的响应

5 种植物幼苗的地上生物量（AGB）、地下生物量（BGB）和总生物量（TB）的积累量在不同沙埋处理下差异显著（$P<0.05$）。狗尾草、虎尾草雾冰藜幼苗的 AGB 的积累量在不同沙埋处理下表现为先上升后下降的趋势，最大值出现在 1/3H 沙埋（S1）深度，随后逐渐降低，与对照相比分别减少了 30.43%、45.83% 和 55.56%；而白茎盐生草和沙米的 AGB 积累量最大值出现在 2/3H 沙埋（S2）深度，最低值为最高值的 36.48% 和 46.43%；而各植物 BGB 积累量在 2/3H 沙埋（S2）处达到最大值，后显著降低，最低值为最高值的 55.56%、57.14%、33.33%、50.00% 和 25.00%。在沙埋处理下，5 种一年生草本植物 TB 积累量随沙埋深度的增加而逐

渐减少,均在 $3/3H$ 沙埋深度(S3)时降至最低(表 1.6)。

表 1.6　不同沙埋深度下 5 种一年生草本植物的生物量

科	种	指标	风蚀处理			
			CK	F1	F2	F3
禾本科	狗尾草	AGB/g	0.75 ± 0.03^{b}	0.92 ± 0.03^{a}	0.83 ± 0.02^{a}	0.64 ± 0.02^{c}
		BGB/g	0.07 ± 0.01^{a}	0.04 ± 0.01^{b}	0.09 ± 0.02^{a}	0.05 ± 0.01^{b}
		TB/g	0.81 ± 0.03^{a}	0.96 ± 0.03^{a}	0.94 ± 0.03^{a}	0.69 ± 0.01^{b}
	虎尾草	AGB/g	1.03 ± 0.01^{a}	1.20 ± 0.06^{a}	0.87 ± 0.02^{b}	0.65 ± 0.02^{b}
		BGB/g	0.05 ± 0.00^{b}	0.04 ± 0.01^{b}	0.07 ± 0.02^{a}	0.05 ± 0.01^{b}
		TB/g	1.08 ± 0.02^{a}	1.25 ± 0.06^{a}	0.94 ± 0.01^{b}	0.70 ± 0.03^{b}
藜科	雾冰藜	AGB/g	0.60 ± 0.02^{a}	1.08 ± 0.06^{a}	0.75 ± 0.03^{b}	0.48 ± 0.02^{c}
		BGB/g	0.06 ± 0.01^{a}	0.02 ± 0.00^{b}	0.06 ± 0.01^{a}	0.05 ± 0.01^{a}
		TB/g	0.66 ± 0.02^{a}	1.11 ± 0.06^{a}	0.81 ± 0.02^{b}	0.53 ± 0.02^{c}
	白茎盐生草	AGB/g	0.25 ± 0.02^{a}	0.37 ± 0.02^{b}	0.69 ± 0.04^{a}	0.33 ± 0.02^{b}
		BGB/g	0.02 ± 0.00^{b}	0.02 ± 0.00^{b}	0.04 ± 0.01^{a}	0.02 ± 0.00^{b}
		TB/g	0.27 ± 0.02^{a}	0.38 ± 0.02^{b}	0.74 ± 0.04^{a}	0.35 ± 0.02^{b}
	沙米	AGB/g	0.24 ± 0.02^{b}	0.26 ± 0.01^{b}	0.52 ± 0.04^{a}	0.26 ± 0.03^{b}
		BGB/g	0.02 ± 0.00^{b}	0.01 ± 0.00^{b}	0.04 ± 0.01^{a}	0.02 ± 0.00^{b}
		TB/g	0.26 ± 0.02^{b}	0.27 ± 0.01^{b}	0.56 ± 0.04^{a}	0.28 ± 0.02^{b}

注:AGB:地上生物量;BGB:地下生物量;TB:总生物量。a、b、c 代表不同处理下测定指标之间存在显著差异。

由图 1.15 可以看出,在不同沙埋处理下,5 种植物幼苗根冠比差异显著($P<0.05$)。在沙埋处理下,狗尾草和虎尾草幼苗根冠比在 S3 处达到最大值,与对照相比分别增加了 76.51% 和 85.25%,雾冰藜幼苗根冠比呈升—降—升的趋势,在 $3/3H$ 沙埋(S3)处达到最大值,与最低值相比增加了 73.95%,而白茎盐生草和沙米幼苗根冠比呈先增加后降低的趋势,均在 $2/3H$ 沙埋(S2)处达到最大值,与对照相比分别增加了 73.79% 和 74.83%。

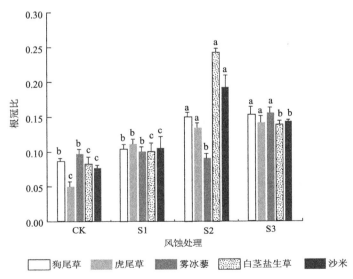

图 1.15　5 种一年生草本植物根冠比对沙埋胁迫的响应

(不同字母代表同种植物不同沙埋处理差异显著)

注:CK 表示不蚀不积;S1 表示 $1/3H$ 沙埋;S2 表示 $2/3H$ 沙埋;S3 表示 $3/3H$ 沙埋

1.2.3.3 一年生草本植物幼苗叶片生理代谢对沙埋胁迫的响应

1.2.3.3.1 一年生草本植物幼苗叶片渗透调节物质(游离脯氨酸和可溶性糖)对沙埋胁迫的响应

5 种一年生草本植物幼苗叶片渗透调节物质在不同沙埋处理下差异显著($P<0.05$)。狗尾草、雾冰藜、白茎盐生草和沙米游离脯氨酸含量均随着沙埋程度的加剧呈上升趋势,且在 3/3H 沙埋(S3)处达到最高值,其中狗尾草幼苗游离脯氨酸含量最高,为 145.92 μg/g。而在 1/3H 沙埋(S1)处,虎尾草和雾冰藜幼苗叶片含量显著增加,其他幼苗游离脯氨酸含量增长缓慢;峰值与对照相比,雾冰藜幼苗游离脯氨酸含量上升幅度最多,为 49.80%;虎尾草增幅最小且积累量均低于其他植物幼苗(图 1.16a)。

在沙埋处理下,5 种一年生草本植物幼苗叶片可溶性糖含量均随沙埋深度的增加而增加。在 3/3H 沙埋(S3)处,狗尾草幼苗叶片可溶性糖含量最大,与对照相比增加了 98.76%,其次是雾冰藜,增加了 94.26%,增幅最小的是白茎盐生草,为 80.76%,并且白茎盐生草幼苗可溶性糖含量在各沙埋处理下含量均为较低(图 1.16b)。

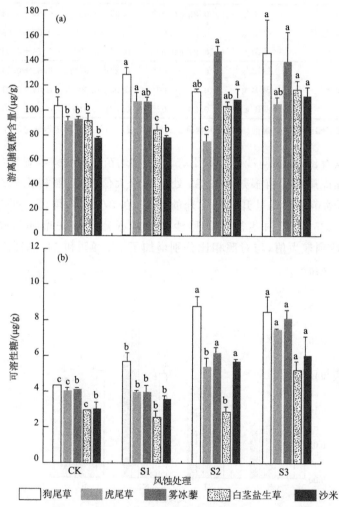

图 1.16 5 种一年生草本植物渗透调节物质(游离脯氨酸和可溶性糖)对沙埋胁迫的响应
(不同字母代表同种植物不同沙埋处理差异显著)
注:CK 表示不蚀不积;S1 表示 1/3H 沙埋;S2 表示 2/3H 沙埋;S3 表示 3/3H 沙埋

1.2.3.3.2　一年生草本植物幼苗叶片丙二醛对沙埋胁迫的响应

5 种一年生草本植物幼苗叶片丙二醛(MDA)含量在不同沙埋处理下差异显著($P<$ 0.05)。虎尾草幼苗 MDA 含量在 $1/3H$ 沙埋(S1)处快速积累,轻微下降后随沙埋深度的增加而达到最大;狗尾草、虎尾草和沙米幼苗叶片 MDA 含量均随沙埋深度的增加呈上升的趋势,在全部沙埋深度(S3)时达到峰值,分别为 0.13 μmol/g、0.13 μmol/g 和 0.23 μmol/g;而雾冰藜和沙米幼苗 MDA 含量在 $1/3H$ 沙埋(S1)处含量最小,分别为 0.02 μmol/g 和 0.03 μmol/g,此后 MDA 含量逐渐上升并达到最大值(图 1.17)。

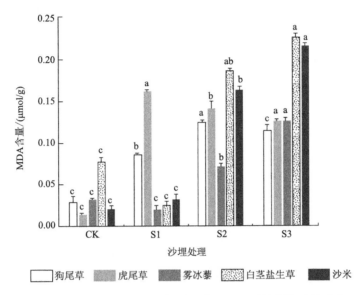

图 1.17　5 种一年生草本植物丙二醛(MDA)对沙埋胁迫的响应

(不同字母代表同种植物不同沙埋处理差异显著)

注:CK 表示不蚀不积;S1 表示 $1/3H$ 沙埋;S2 表示 $2/3H$ 沙埋;S3 表示 $3/3H$ 沙埋

1.2.3.3.3　一年生草本植物幼苗叶片光合色素对沙埋胁迫的响应

5 种一年生草本植物幼苗叶片光合色素含量在不同沙埋处理下差异显著($P<$0.05)。在沙埋处理下,5 种植物幼苗叶绿素 a 含量均随沙埋深度的增加呈先升后降的趋势(白茎盐生草和沙米除外),并且在 $2/3H$ 沙埋(S2)处达到最大值,分别为 0.73 mg/g、0.67 mg/g 和 0.58 mg/g,沙米幼苗叶绿素 a 含量在不蚀不积(CK)处含量最大,为 0.32(图 1.18a);虎尾草、雾冰藜、白茎盐生草和沙米幼苗叶绿素 b 含量在 $2/3H$ 沙埋(S2)处达到最大,分别为 0.26 mg/g、0.86 mg/g、0.35 mg/g、0.29 mg/g;狗尾草幼苗叶绿素 b 含量 $1/3H$ 沙埋(S1)处含量最高,为 0.73 mg/g(图 1.18b);雾冰藜、白茎盐生草和沙米幼苗叶绿素 a/b 在对照处理下最大,而沙米幼苗叶绿素 a/b 的值在各处理下均低于对照(图 1.18c);狗尾草、虎尾草、雾冰藜和白茎盐生草幼苗叶绿素含量均呈现随沙埋程度的增加呈现先上升后下降的趋势,最低值为最高值的 49.13%、68.93%、44.04% 和 58.94%(图 1.18d)。

1.2.3.3.4　一年生草本植物幼苗根系活力对沙埋胁迫的响应

5 种一年生草本植物幼苗根系活力在不同沙埋处理下差异显著($P<$0.05)。沙埋处理下,雾冰藜和白茎盐生草幼苗根系活力随沙埋深度的增加呈现先上升后下降的趋势,雾冰藜在

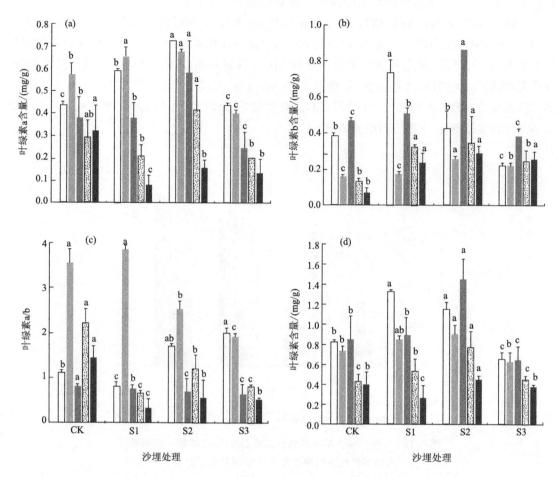

图 1.18　5 种一年生草本植物幼苗叶片光合色素对沙埋胁迫的响应

（不同字母代表同种植物不同沙埋处理差异显著）

注：CK 表示不蚀不积；S1 表示 1/3H 沙埋；S2 表示 2/3H 沙埋；S3 表示 3/3H 沙埋

S2 处达到最大值，最低值是最高值的 45.3%，白茎盐生草在 S1 处达到最大值，最低值为最高值的 54.8%；狗尾草、虎尾草和沙米幼苗根系在各处理下均呈现逐渐下降的趋势，下降幅度最大的是虎尾草，与对照相比减少了 59.88%（图 1.19）。

1.2.3.4　一年生草本植物幼苗叶片保护酶活性对沙埋胁迫的响应

　　5 种一年生草本植物幼苗叶片保护酶活性在不同沙埋处理下差异显著（$P < 0.05$）。在沙埋处理下，狗尾草、虎尾草和白茎盐生草幼苗叶片 SOD 活性随沙埋深度的增加呈先下降后上升的趋势，狗尾草和虎尾草 SOD 活性在 2/3H 沙埋（S2）处降至最低，分别为 237.50 U/g FW 和 110.05 U/g FW，而白茎盐生草则在 1/3H 沙埋（S1）处降至最低，为 108.65 U/g FW，最低值为最高值的 61.33%、42.90% 和 54.36%；而雾冰藜和沙米则呈现逐渐上升的趋势，在 3/3H 沙埋（S3）处达到峰值，最低值为最高值的 45.71% 和 53.97%（图 1.20a）。

　　由图 1.20b 可知，在沙埋处理下各植物幼苗 POD 活性随沙埋深度的增加呈上升趋势，均在

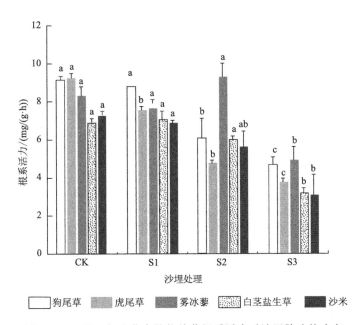

图 1.19　5 种一年生草本植物幼苗根系活力对沙埋胁迫的响应

（不同字母代表同种植物不同沙埋处理差异显著）

注：CK 表示不蚀不积；S1 表示 1/3H 沙埋；S2 表示 2/3H 沙埋；S3 表示 3/3H 沙埋

3/3 沙埋（S3）处达到最大值，分别为 89.86 U/(g·min)、82.76 U/(g·min)、92.61 U/(g·min)、71.39 U/(g·min) 和 56.85 U/(g·min)，与对照相比分别增加了 52.05%、60.87%、50.11%、61.74% 和 48.92%，但虎尾草和雾冰藜幼苗 POD 活性在 1/3H 沙埋（S1）处增加缓慢。

由图 1.20c 可知，狗尾草和虎尾草幼苗 CAT 活性随沙埋程度的增加而逐渐增加，在 3/3H 沙埋（S3）深度下达到最大值，分别为 107.50 U/(g·min) 和 101.67 U/(g·min)；而雾冰藜、白茎盐生草和沙米幼苗 CAT 活性则随沙埋深度的增加呈先降低后上升的趋势，与最低值相比，分别增加了 73.32%、100.88% 和 56.48%。

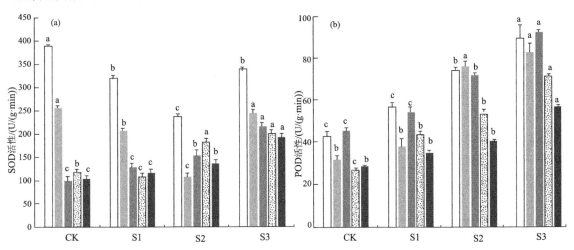

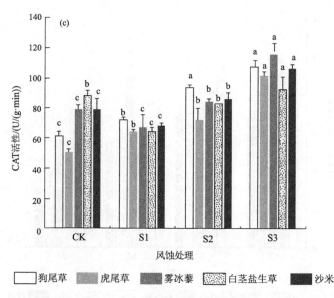

图 1.20 5 种一年生草本植物保护酶活性对沙埋胁迫的响应
(不同字母代表同种植物不同沙埋处理差异显著)

注:CK 表示不蚀不积;S1 表示 1/3H 沙埋;S2 表示 2/3H 沙埋;S3 表示 3/3H 沙埋

1.2.3.5 沙埋胁迫下一年生草本植物幼苗相关性状间的主成分分析及隶属函数分析

通过主成分分析,以累计方差贡献率大于 80% 且特征值 ≥1 作为判断条件,将沙埋处理下的 12 个测定指标转换成 3 个主成分,作为综合指标(comprehensive index,CI)。同一指标特征向量的最大绝对值所在主成分即为所属主成分。在沙埋处理下第 1 主成分中株高系数最大,其次是主根长,大致概括为生长状况因子,解释 59.323% 的贡献率;第 2 主成分中游离脯氨酸系数最大,其次是根系活力和叶绿素,可概括为保生理代谢因子和光合色素因子,解释 14.260% 的贡献率;第 3 主成分中 POD 系数最大,其次是 SOD 和 CAT,可概括为保护酶活性因子,解释 9.433% 的贡献率。因此,在沙埋处理下,生长状况因子可概括为反映幼苗抗沙埋能力的重要指标,其次是生理代谢因子和保护酶活性因子(表 1.7,图 1.21)。

表 1.7 沙埋胁迫下 5 种一年生草本植物幼苗各生理及生长指标主成分分析

主成分	CI_1	CI_2	CI_3
特征值	9.492	2.282	1.511
贡献率/%	59.323	14.260	9.433
累计贡献率/%	59.323	73.583	83.016

对 5 种植物幼苗各项指标进行隶属函数值计算及排序,平均值越大则抗性越强,反之越弱。在沙埋处理下狗尾草、虎尾草、雾冰藜、白茎盐生草和沙米的指标平均隶属函数值分别为 0.477、0.450、0.451、0.401 和 0.405(表 1.8),抗沙埋排序为:狗尾草＞雾冰藜＞虎尾草＞沙米＞白茎盐生草。

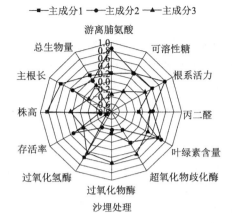

图 1.21　所测 12 个生理和形态指标主成分特征向量

表 1.8　沙埋胁迫下 5 种一年生草本植物各项测定指标的隶属函数值

测定指标		狗尾草	虎尾草	雾冰藜	白茎盐生草	沙米
幼苗存活率		0.532	0.717	0.687	0.458	0.512
生理指标 渗透调节物质	游离脯氨酸	0.447	0.314	0.338	0.521	0.392
	可溶性糖	0.330	0.465	0.367	0.482	0.385
膜脂过氧化物	丙二醛	0.408	0.567	0.582	0.443	0.677
	根系活力	0.597	0.474	0.599	0.580	0.699
光合色素指标	叶绿素	0.314	0.352	0.384	0.254	0.275
	叶绿素 a	0.345	0.611	0.269	0.365	0.235
	叶绿素 b	0.387	0.303	0.415	0.292	0.277
	叶绿素 a/b	0.639	0.215	0.435	0.143	0.114
	类胡萝卜素含量	0.422	0.236	0.302	0.335	0.298
保护酶指标	SOD	0.649	0.557	0.372	0.505	0.418
	POD	0.589	0.662	0.400	0.490	0.444
	CAT	0.520	0.414	0.482	0.465	0.475
生长指标	主根长	0.559	0.633	0.493	0.412	0.438
	株高	0.508	0.425	0.564	0.586	0.657
	地上生物量	0.473	0.456	0.375	0.363	0.284
	地下生物量	0.378	0.326	0.691	0.307	0.332
	总生物量	0.521	0.468	0.377	0.366	0.271
	根冠比	0.478	0.485	0.549	0.415	0.594
平均值		0.477	0.450	0.451	0.401	0.405
抗沙埋排名		1	3	2	5	4

1.2.4 讨论

1.2.4.1 沙埋对5种一年生草本植物幼苗存活率的影响

在干旱、半干旱风沙区,沙埋几乎对所有植物的生长都有很大的影响,大多数植物长期暴露在这种环境中后,对沙埋产生一定的耐受力,但严重时也会对植物造成一定的影响(赵哈林等,2013a)。本研究发现,随着沙埋深度的增加,5种一年生草本植物幼苗存活率显著降低,在全部沙埋时降至最低,尤其是白茎盐生草幼苗的存活率最低,为57.43%。这可能是由于植物在苗期其本身生产能量的能力较弱,以及养分储备量少,导致幼苗无法抵抗沙埋破土而出,造成死亡。已有研究表明,当植物幼苗被过度沙埋时,会造成幼苗部分或者全部死亡(李秋艳等,2004)。这与本研究的结论相似。

1.2.4.2 沙埋对5种一年生草本植物幼苗生长状况的影响

在荒漠地区,风沙活动发生的频次非常多,植物经常受到沙埋的危害(罗永红 等,2018)。不同沙埋深度对植株生长的影响不同。赵哈林等(2013a)研究发现,沙埋显著抑制了小叶锦鸡儿的株高。本研究发现,总体而言,5种一年生草本植物幼苗其株高随沙埋程度的增加呈现先上升后下降的趋势。狗尾草、虎尾草和雾冰藜在$1/3H$沙埋深度时株高最高,当沙埋程度达到最大时,各植物幼苗株高与最大值相比减少较多。这说明,一定厚度的沙埋有利于保障植物根系所处环境的湿度以及温度等,以此来达到对保护植物生存环境,这是所产生的正效应,以达到利于其生长的目的。然而,重度或极端沙埋,不仅对其植物幼苗的生长构成严重威胁,而且还有可能导致其完全死亡,特别是如果遭受沙子掩埋厚度远远超过植物高度时(马红媛 等,2007)。

研究表明,植物的所有阶段都会受到外部因素的影响和干扰(Andersen et al.,2014)。本研究发现,轻度沙埋对植物幼苗的生长及生物量的积累有一定的促进作用,狗尾草、虎尾草和雾冰藜幼苗株高和生物量积累在轻度沙埋下略有增加。各植物幼苗根系在轻度沙埋下与对照相比差异不显著,但随沙埋程度的增加其生物量有所减少。而且白茎盐生草和沙米的根冠比随沙埋程度的加剧呈减小趋势,其中根系生物量的分配随沙埋深度的增加呈下降趋势,而地上部分的生物量则有所增加,这意味着植物会将更多的产物用于地上部分的生长和繁殖,而沙埋比较深对根系的投入就会减少。在沙丘木本植物及泡泡刺的研究发现(Zhao et al.,2007c),植物遭受严重沙埋后会将有效资源及产物重新分配于地上部分(Dech et al.,2006)。这可能是由于植物遭受沙埋后,植物的生物量便会从根部转移,优先考虑茎的生长、发芽来补偿光合组织和恢复其能力,尤其是1~2 a生植物,需将更多的产物投入地上部分支撑幼苗的生长及繁殖,有利于种群扩散及有性繁殖。苗纯萍等(2012)的研究也证明了这一结论。

1.2.4.3 沙埋对5种一年生草本植物幼苗生理状况的影响

游离脯氨酸和可溶性糖对于植物在遭受胁迫时,是其理想的渗透调节物质。本研究发现,雾冰藜、白茎盐生草和沙米游离脯氨酸含量均随着沙埋程度的加剧呈上升趋势,狗尾草幼苗游离脯氨酸含量上升幅度最多,虎尾草增幅最小且积累量均低于其他植物幼苗,而5种一年生草本植物幼苗叶片可溶性糖含量均随沙埋深度的增加而增加。这说明在沙埋处理下,不同植物在应对沙埋时的渗透调节作用有所差异,在全部沙埋后,虎尾草游离脯氨酸含量降低,这意味着正常生存所需的能量会逐渐耗尽。这与王进等(2012)对砂引草对沙埋响应的研究结论相似。

沙埋使植物叶片减少导致光合面积明显下降,因此无法进行光合作用获取充足的养分。

本研究发现,5 种植物幼苗叶绿素 a 含量和总叶绿素含量均随沙埋深度的增加呈先升后降的趋势(沙米除外),并且均在 2/3H 沙埋(S2)处达到最大值;狗尾草和白茎盐生草幼苗的叶绿素 b 含量同样也在此时最大;沙米幼苗叶绿素 a/b 的值在各处理下均低于对照。

根系活力是植物根系是否存在生命活动的基本生理指标(祝海竣 等,2022)。本研究发现,雾冰藜和白茎盐生草幼苗根系活力随沙埋深度的增加呈现先上升后下降的趋势,雾冰藜在 2/3H 沙埋(S2)处达到最大值,狗尾草、虎尾草和沙米幼苗根系在各处理下均呈现逐渐下降的趋势,下降幅度最大的是虎尾草,这也说明,植物在遭受沙埋时会将有效能源分配于地上部分。

相关性分析表明,在 5 种一年生草本植物中,生长与生理指标之间相关性显著,特别是游离脯氨酸、可溶性糖和及保护酶活性之间大多呈极显著相关关系($P<0.01$,表 1.9)。这说明在沙埋胁迫下,主要通过保护酶活性来减少对细胞膜的损害,而渗透调节物质(游离脯氨酸和可溶性糖)则通过调节细胞内渗透势来减轻伤害,这也表明保护酶活性与渗透调节物质之间有着一定的关联。保护酶活性和渗透调节物质含量较高时,在减少氧自由基伤害细胞膜的同时,增加渗透势以减少对植物的伤害。

表 1.9　沙埋处理下 5 种植物生长与生理指标间的相关性分析

物种	指标	沙埋处理							
		游离脯氨酸	可溶性糖	MDA	叶绿素	根系活力	SOD	POD	CAT
狗尾草	存活率	0.622*	0.763**	−0.956**	0.659*	0.122	0.845**	0.958**	0.903**
	株高	0.657*	0.681*	−0.796**	0.536	0.545	0.757**	0.839**	0.730**
	主根长	0.318	0.663*	0.494	0.021	0.280	0.225	0.475	−0.349
	总生物量	0.612*	0.567	−0.242	0.032	0.649*	0.430	0.205	0.348
虎尾草	存活率	0.740**	0.721**	−0.920**	0.718**	0.040	0.809**	0.516	0.625*
	株高	0.537	0.720**	−0.834**	0.401	0.490	0.790**	0.479	0.328
	主根长	0.369	0.082	0.099	0.197	0.551	0.030	0.541	0.056
	总生物量	0.629*	0.693*	−0.856**	0.757**	0.110	0.784**	0.784**	0.770**
雾冰藜	存活率	0.696*	0.406	−0.872**	0.416	0.12	0.748**	0.09	0.766**
	株高	0.676*	0.114	−0.833**	0.287	0.456	0.237	0.147	−0.460
	主根长	0.575	0.181	0.622*	0.055	0.264	0.168	0.580*	0.052
	总生物量	0.423	0.558	−0.525	0.279	0.102	0.431	0.653*	0.827**
白茎盐生草	存活率	0.827**	0.951**	−0.867**	0.312	0.456	0.752**	0.532	0.077
	株高	0.881**	0.784**	−0.749**	0.242	0.086	0.808**	0.063	0.137
	主根长	0.631*	0.734**	0.657*	0.055	0.33	0.705*	0.272	−0.154
	总生物量	0.390	0.483	0.299	0.164	0.122	0.047	0.552	0.623*
沙米	存活率	0.896**	0.890**	−0.797**	0.805**	0.258	0.757**	0.952**	0.937**
	株高	0.842**	0.728**	−0.757**	0.564	0.042	0.901**	0.896**	0.871**
	主根长	0.783**	0.723**	0.729**	0.669**	0.095	0.846**	0.839**	0.866**
	总生物量	0.263	0.332	0.34	0.377	0.667*	0.054	0.213	0.209

注:* 表示 $P<0.05$;** 表示 $P<0.01$。

1.2.4.4　沙埋对5种一年生草本植物幼苗保护酶活性的影响

在不利环境条件下,植物体内 ROS 大量积累,清除多余的 ROS 并抑制其有害影响的保护性酶的活性应明显增加(赵哈林 等,2013b)。本研究发现,白茎盐生草则在 1/3H 沙埋(S1)处降至最低,而狗尾草和虎尾草 SOD 活性在 2/3H 沙埋(S2)处降至最低,

愈加严重的沙埋使植物体内氧自由基增加,激活了保护酶 SOD 的活性,在一定程度的沙埋下,SOD 起到了活性氧的作用;经沙埋处理下 5 种一年生草本植物幼苗 POD 活性随沙埋深度的增加呈上升趋势,证明 POD 活性无论是沙埋初期还是沙埋后期,都在清除超氧自由基;狗尾草和虎尾草幼苗 CAT 活性在 3/3H 沙埋(S3)深度下达到最大值,而雾冰藜、白茎盐生草和沙米幼苗 CAT 活性则随沙埋深度的增加呈先降低后上升的趋势。这也说明,植物幼苗在轻度及中度沙埋(1/3H 沙埋和 2/3H 沙埋)下,渗透调节物质以及保护酶活性能够有效调节植物体内细胞不受膜脂过氧化和氧自由基伤害,同时也能够维持体内自由基的产生与清除的平衡,降低对细胞膜的伤害。

1.2.4.5　沙埋胁迫对5种一年生草本植物幼苗的影响机制

本研究发现,轻度的沙埋对植物幼苗的生长和存活具有一定的促进作用,但全部沙埋会显著抑制幼苗的生长与发育,且不同物种的耐沙埋性具有一定的差异(图 1.22)。在中度沙埋环境下,虽然可以促进各植物幼苗根系的生长,但会抑制幼苗株高生长,但可以使幼苗躲避恶劣的生存环境;而在重度沙埋下,全部沙埋使幼苗顶土困难,幼苗受损严重对其生长造成威胁,导致幼苗死亡。在生理方面,狗尾草和雾冰藜能够较好地通过提高生理代谢和保护酶活性保障幼苗体内的正常生长发育,降低幼苗的死亡率,最终达到耐沙埋的目的。

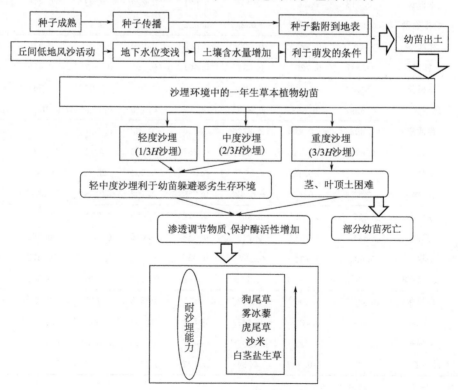

图 1.22　沙埋对 5 种一年生草本植物幼苗的影响机制

1.3　结论

在荒漠绿洲边缘人工固沙植被群落下,一年生草本植物能够入侵,通过其独特的繁殖策略能够定居于此,通过对环境的一系列适应来实现对区域内控制风沙、恢复生态系统和改善当地环境的重要作用。风蚀和沙埋显著抑制了一年生草本植物幼苗的存活和生长。风蚀导致植物根系裸露而遭遇干旱,使得幼苗株高及存活率显著降低,这是影响植物幼苗存活和生长的生态机制;全部沙埋导致植物幼苗顶土困难,光合面积下降,降低幼苗存活率抑制植物生长,这也是影响其存活的生态机制。

在风蚀和沙埋处理下,5 种一年生草本植物幼苗叶片均表现出 MDA 含量有较多的积累,这说明植物幼苗细胞膜损伤是导致其幼苗存活率下降和生长受到抑制的主要生理机制,但能够通过提高过氧化物酶活性和游离脯氨酸含量来减轻细胞膜受损的程度,特别是禾本科植物(狗尾草和虎尾草)以及藜科植物中的雾冰藜,其 3 种保护酶系统(POD、SOD 和 CAT)也表现出重要的协调作用,保护酶系统在保护细胞膜免受胁迫损伤过程中作用更为有效。重度风蚀和沙埋阻碍了植物幼苗体内光合作用,导致光合产物积累减少,这也导致植物幼苗在胁迫程度加剧时,其生物量的积累降至最低。相关分析表明,植物幼苗在风蚀和沙埋处理下其生长存活与渗透调节物质及保护酶活性多呈极显著相关关系($P < 0.01$),表明二者对保持植物叶片水分平衡和保证植物体内细胞膜不受损害以维持正常生长起着关键作用。

本研究发现,禾本科植物中狗尾草抗风蚀抗沙埋能力最强,而虎尾草抗沙埋能力也较强,这得益于禾本科植物叶片扁平且具有稀疏绒毛的外部形态特征以及其根系为须根系,分布较浅,能够充分吸收水分。而藜科植物中雾冰藜较其他两种植物更具耐风蚀和沙埋能力,主要因为其根幅较大,侧根能够扎入较深的土层,并且地上部分多分布平伏的绒毛,可以有效地减少水分蒸发,从形态上达到对环境的适应性;在生理层面,狗尾草和雾冰藜在渗透调节物质、光合色素、根系活力及保护酶活性具有一定的优势,在逆境环境中对植物的保护有很大的作用。

狗尾草、虎尾草、雾冰藜、沙米和白茎盐生草成为荒漠绿洲边缘人工固沙植被建成后独特的一年生草本植物层片。研究结果表明,狗尾草和雾冰藜抗风蚀和沙埋的能力以及虎尾草抗沙埋能力优于其他几种植物。因此,在对风沙区植物种植时,狗尾草和雾冰藜可作为荒漠化防治的先锋植物,将其多分布于风蚀和沙埋地区,也可以将虎尾草种植于多沙埋地区。这更加有利防治风沙活动频发区植被生态系统的恢复与稳定。

第 2 章　一年生草本植物对干旱胁迫的响应机制

2.1　典型草本植物对干旱胁迫及复水响应机制

随着全球气候的变暖,干旱地区极端干旱天气日益频发(冯延芝 等,2020),导致干旱缺水的情况愈加严重。干旱一直是影响荒漠生态系统植物生长和发育的关键因素,往往会导致植物细胞生理缺水,细胞内环境紊乱,抗氧化能力下降,光合同化作用降低,从而导致植物干物质积累减少,植物形态结构受到严重影响(杨云 等,2023)。目前,研究荒漠植物对干旱胁迫的生理和个体适应机制成为解释荒漠植物生存和进化的热点。例如,王方琳等(2021)在研究干旱胁迫对梭梭、白刺、沙蒿 3 种荒漠植物叶片水分、光合及叶绿素荧光参数的影响中发现,3 种植物均可通过调节光系统 Ⅱ(PSⅡ)反应中心的开放程度与活性,对干旱胁迫表现出较强的耐受性。龚吉蕊等(2004)比较了沙拐枣、梭梭和沙枣 3 种荒漠植物在干旱胁迫下的抗氧化能力,得出 3 种荒漠植物在长期干旱环境下膜脂过氧化程度不同,其中沙枣的膜脂过氧化程度大于梭梭和沙拐枣。荒漠植物对干旱的适应不仅表现在干旱胁迫的过程中,还表现在复水后的恢复过程中能否迅速弥补干旱胁迫造成的损害(Yong,2020)。一般而言,中度干旱胁迫下复水后植物幼苗叶片和根系的渗透调节物质及抗氧化酶活性大多能恢复,表明植物有着较强的耐旱性(陈爱萍 等,2020)。然而,目前关于荒漠一年生草本植物适应干旱的研究多侧重于地上的叶片部分,对叶片和地下根系协同响应干旱胁迫的研究还相对较少,干旱胁迫及复水后一年生草本植物的恢复机制研究更加缺乏。植物叶片是植物进行光合作用和呼吸作用的器官,根系是植物吸收水分的器官,两者协同研究能够更好地阐明植物对干旱胁迫的适应机制(包秀霞等,2022)。

河西走廊位于中国西北干旱区,是我国丝绸之路的重要通道,也是西北地区建立防风固沙生态屏障的重点区域,但由于水资源匮乏,风沙活动强烈,生态环境脆弱,沙漠化严重(张建永等,2015)。多年来,该地区实施了一系列以人工植被建设为主要措施的生态建设工程,有效遏制风沙危害,促进了当地生境恢复。随着人工林种植年限的增加,部分荒漠区植被逐渐恢复(王国华 等,2021b),主要以灌木和草本为主,其中一年生草本植物占绝对优势(张德魁 等,2009),优势科主要有藜科(Chenopodiaceae)、十字花科(Cruciferae)、禾本科(Gramineae)和菊科(Compositae),对维持荒漠绿洲地区生态恢复发挥着极其重要的作用(郭文婷 等,2022)。本文以河西走廊荒漠绿洲过渡带典型一年生草本植物(虎尾草、狗尾草、白茎盐生草、沙米和雾冰藜)为研究对象,通过盆栽试验模拟干旱胁迫,综合分析植物叶片和根系在干旱—复水条件下的生长和生理变化,探究 5 种一年生草本植物幼苗对干旱胁迫的响应规律,进而为荒漠区植被的恢复与重建、荒漠造林后的水分管理和维持生态系统稳定等提供科学依据。

2.1.1 材料与方法

2.1.1.1 研究区概况

研究区位于河西走廊中部、黑河流域中游的临泽县北部荒漠绿洲过渡带（39°21′N,100°07′E,海拔 1367 m）。该地区降水稀少且分布不均,常年以小降水事件（≤5 mm）为主,多年平均降水量为 117 mm,年平均蒸发量为 2390 mm,年平均气温为 7.6 ℃,极端最高气温达到 39 ℃,最低气温约为－27.0 ℃,无霜期约为 105 d,属于温带大陆性荒漠气候。地带性土壤均为灰棕漠土、沙壤土及沙土,地貌景观类型有流动、半流动、固定、半固定沙丘以及丘间低地。

2.1.1.2 试验设计

试验选择处于荒漠绿洲过渡带的中国科学院临泽内陆河流域研究站典型一年生草本植物虎尾草（*Chloris virgata*）、狗尾草（*Setaria viridis*）、白茎盐生草（*Halogeton arachnoideus*）、沙米（*Agriophyllum squarrosum*）和雾冰藜（*Bassia dasyphylla*）为研究对象,分别属于一年生禾本科虎尾草属和禾本科狗尾草属、藜科盐生草属、沙蓬属和雾冰藜属。试验种子于 2021 年 9 月采自河西走廊中国科学院临泽内陆河流域研究站附近的半固定沙丘上（图 2.1）。盆栽试验从 2022 年 6 月 15 日开始,盆栽容器为塑料盆（底部直径 26 cm,上部直径 28 cm,高 20 cm）,每盆装沙土 3 kg。在花盆的底部放置纱布,以防止沙子渗漏并保持通气。在花盆中播种 50 粒大小相同、无病虫害的种子,各设置 3 个重复。所有实验用烧杯等量浇水以保证种子顺利出苗,正常种植 1 个月后进行干旱胁迫试验。试验设置 7 个水分处理,以正常供水为对照（CK,当地降水量）;利用盆栽控水设置干旱和干旱复水交替处理:轻度干旱胁迫（LS,土壤水分相对于 CK 减少 2%）、中度干旱胁迫（MS,土壤水分相对于 CK 减少 4%）和重度干旱胁迫（SS,土壤水分相对于 CK 减少 6%）,轻度干旱胁迫-复水（LS-CK）、中度干旱胁迫-复水（MS-CK）和重度干旱胁迫-复水（SS-CK）。通过自然耗水的方式得到所设定的土壤含水量（到达重度干旱胁迫含水量时间比中度干旱胁迫含水量时间晚 1 d）,开始进行胁迫及复水处理,复水时使土壤水分控制在正常水平,每天 18:00 称重并维持盆土含水量变化幅度在 5‰内。取样时先用蒸馏水将盆土充分浸泡,将土壤连同植株轻轻倒出,然后用蒸馏水冲洗叶片和根系上的所有附泥,带回实验室放入 4 ℃低温冰箱里保存,测定各项指标。

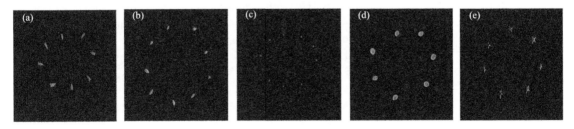

图 2.1 5 种一年生草本植物采集种子

(a)虎尾草;(b)狗尾草;(c)白茎盐生草;(d)沙米;(e)雾冰藜

根据临泽站 2005—2021 年多年降水资料统计（图 2.2）,春季降水量较少,夏秋季以大降水事件为主,冬季基本都为小降水事件,小降水事件占全年降水量的 45%。<10 d 间隔期占比最大,为年无降水期的 68%,植物经常处于土壤干旱和短时湿润交替环境中,因此根据当地多年平均降水特征设定试验期间正常水分条件（对照）。为了减少水分蒸发,并确保土壤接收

的实际降雨量与规定的模拟降雨量相同,模拟降雨在当天 19:00—20:00 开展,并将模拟降雨均匀地喷洒到花盆中。

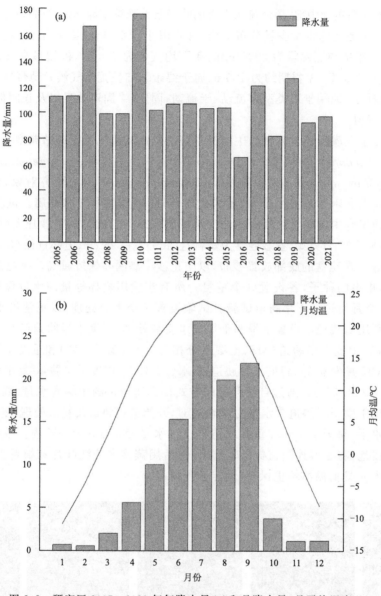

图 2.2　研究区 2005—2021 年年降水量(a)和月降水量、月平均温度(b)

2.1.1.3　生长指标的测定

用蒸馏水冲洗干净根系,将根系放入透明托盘中,为保持根系整齐,防止根枝相互缠绕,注入 10~15 mm 的蒸馏水。采用 WinRHIZO 根系分析系统软件获得根系图像,得到不同处理条件下的根系总长、根系总表面积、根体积和根系平均直径等特征参数。用吸水纸将各处理根系吸干,在 80 ℃烘干至恒重后称重获得根系干重。用直尺测定各处理植物从茎基部到植株顶端的株高。

2.1.1.4 生理指标测定

根系活力采用氯化三苯基四氮唑（TTC）法测定（张志良 等,1990）,超氧化物歧化酶（SOD）活性采用氮蓝四唑光化还原法测定,过氧化物酶（POD）活性采用愈创木酚比色法测定,丙二醛（MDA）含量采用硫代巴比妥法测定（高俊凤,2006）,脯氨酸（Pro）含量采用酸性茚三酮比色法测定。可溶性蛋白（SP）采用考马斯亮蓝 G-250 法;可溶性糖（SS）采用蒽酮比色法,叶绿素含量采用 95% 的乙醇提取法。

2.1.1.5 数据分析

数据分析使用 SPSS 21.0 软件和 SPSSAU 网站,利用单因素方差分析（ANOVA）对各试验指标进行显著性检验,差异显著性定义为 $P<0.05$,统计值用均值±标准误表示。用相关性分析方法、路径分析方法分析植物生长和生理指标之间的关系,利用 Origin 2021 进行绘图。

2.1.2 结果与分析

2.1.2.1 干旱胁迫及复水对5种一年生草本植物生长早期形态特征的影响

5 种一年生草本植物的株高、根体积、根系平均直径、根系总表面积、根系总长和根系干重随着干旱胁迫程度加剧而降低。5 种植物株高（图 2.3a）在重度干旱胁迫（SS）下均降至最低值,与对照组（CK）相比分别下降了 50.96%、46.65%、41.36%、45.85% 和 65.82%。复水后,幼苗地上部分的株高无明显改善。虎尾草和沙米在中度干旱胁迫（MS）处理下根体积值最低,且与对照差异显著（$P<0.05$）,与 CK 相比下降了 85.32% 和 97.62%;狗尾草、白茎盐生草和雾冰藜在 SS 处理下根体积值最低,且与对照差异显著（$P<0.05$）,与 CK 相比下降了 79.89%、80% 和 75%。复水后,植株通过自身调节可恢复或减小干旱胁迫造成的损害,但重度胁迫下,虎尾草、白茎盐生草、沙米和雾冰藜的根体积难以恢复（图 2.3b）。根系平均直径在 SS 处理下均降至最低值,且与对照差异显著（$P<0.05$）,与 CK 相比分别下降了 21.28%、32.69%、58.54%、67.90% 和 39.53%。干旱胁迫后复水表现出加速生长,产生补偿效应且重度胁迫复水补偿效应大于中度胁迫（图 2.3c）。虎尾草和沙米在 MS 处理下根系总表面积值最低,狗尾草、雾冰藜和白茎盐生草在 SS 处理下根系总表面积值最低。复水后,白茎盐生草、沙米和雾冰藜基本没有恢复（图 2.3d）。轻度干旱处理（LS）与 CK 处理相比,雾冰藜和白茎盐生草的根系总长有显著提高,提高幅度分别达 40.35% 和 67.28%。其他 4 种植物（除虎尾草）在 SS 处理时根系总长降至最低值,且与对照差异显著（$P<0.05$）,与 CK 相比分别下降了 68.47%、66.80%、76.83% 和 51.12%;虎尾草在 MS 处理下根系总长降低至最低值,与 CK 相比下降了 72.15%（$P<0.05$）。复水后,虎尾草、白茎盐生草和沙米在中度胁迫下补偿效应差异明显（图 2.3e）。各植物根系干重在 SS 处理下均降至最低值,且与对照差异显著（$P<0.05$）,与 CK 相比分别下降了 85.58%、94.59%、50%、75% 和 66.67%。复水处理与相应干旱胁迫相比,虽有一定恢复但差异不显著（图 2.3f）。

2.1.2.2 干旱胁迫及复水对5种一年生草本植物生长早期生理指标的影响

2.1.2.2.1 干旱胁迫及复水对5种一年生草本植物根系活力的影响

5 种一年生草本植物根系活力随着干旱胁迫程度的加剧,基本呈逐渐下降趋势。狗尾草、白茎盐生草、沙米和雾冰藜从中度干旱胁迫开始就显著低于对照（$P<0.05$）。虎尾草和沙米在 MS 处理下根系活力值最低,与 CK 相比下降了 81.25% 和 91.53%;狗尾草、白茎盐生草和雾冰藜在 SS 处理下根系活力值最低,与 CK 相比下降了 87.88%、94.74% 和

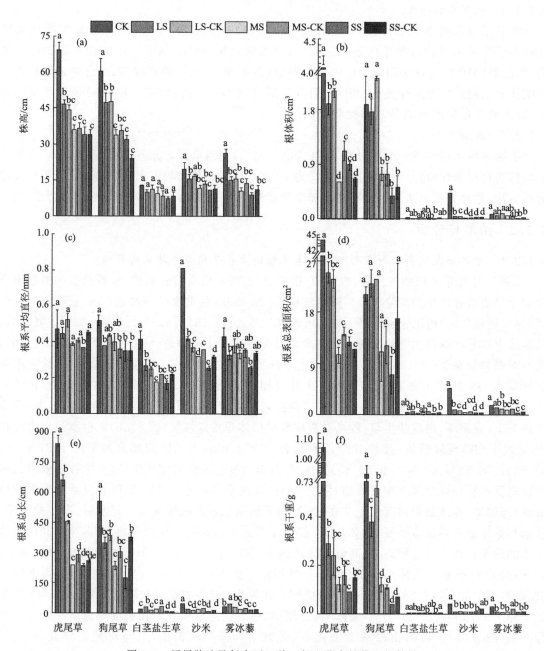

图 2.3　干旱胁迫及复水下 5 种一年生草本植物生长特性

注:CK:对照;LS:轻度干旱胁迫;LS-CK:轻度干旱胁迫-复水;MS:中度干旱胁迫;MS-CK:中度干旱胁迫-复水;SS:
重度干旱胁迫;SS-CK:重度干旱胁迫-复水。同一物种,不同字母表示处理间差异达 0.05 显著水平($P<0.05$)

78.79%。复水后,各植物根系活力呈缓慢上升趋势,在供水条件改善后,补偿效应在重度干旱后复水表现明显,虎尾草、白茎盐生草和沙米在中度干旱胁迫复水后基本达到轻度干旱胁迫水平(图 2.4)。

2.1.2.2.2　干旱胁迫及复水对 5 种一年生草本植物叶绿素含量的影响

虎尾草和雾冰藜在重度干旱复水后叶绿素 a、叶绿素 b 和总叶绿素含量最高,分别比 CK

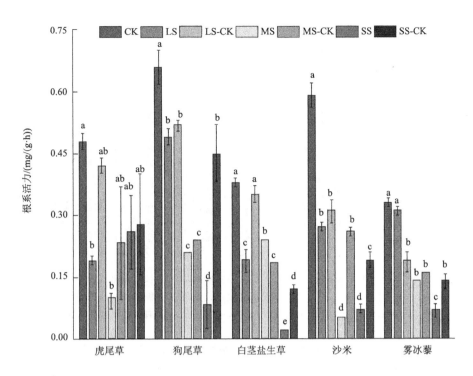

图 2.4 干旱胁迫及复水下 5 种一年生草本植物生长早期根系活力

注:CK:对照;LS:轻度干旱胁迫;LS-CK:轻度干旱胁迫-复水;MS:中度干旱胁迫;MS-CK:中度干旱胁迫-复水;
SS:重度干旱胁迫;SS-CK:重度干旱胁迫-复水。同一物种,不同字母表示处理间差异达 0.05 显著水平($P<0.05$)

高 20.69%、23.68%、21.43%、29.38%、37.68%和 31.88%;狗尾草和沙米在轻度干旱复水后叶绿素 a、叶绿素 b 和总叶绿素含量最高,分别比 CK 高 20%、18.18%、19.46%、78.39%、46.28%和 67.79%;白茎盐生草在对照组叶绿素 a、叶绿素 b 和总叶绿素含量值最高(图 2.5a,b,c)。叶绿素 a/b 在干旱胁迫和复水过程中有波动,但差异不显著(图 2.5d)。

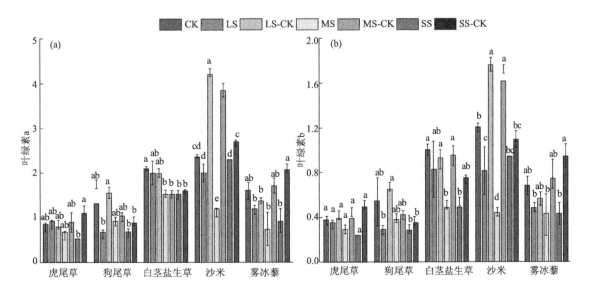

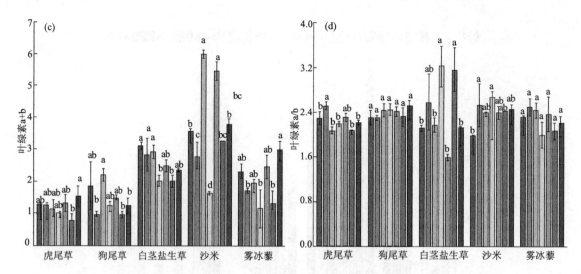

图 2.5 干旱胁迫及复水下 5 种一年生草本植物生长早期叶绿素含量

注:CK:对照;LS:轻度干旱胁迫;LS-CK:轻度干旱胁迫-复水;MS:中度干旱胁迫;MS-CK:中度干旱胁迫-复水;
SS:重度干旱胁迫;SS-CK:重度干旱胁迫-复水。同一物种,不同字母表示处理间差异达 0.05 显著水平($P<0.05$)

2.1.2.2.3 干旱胁迫及复水对 5 种一年生草本植物叶片和根系细胞膜稳定性的影响

干旱胁迫程度的加剧使 5 种植物叶片和根系丙二醛(MDA)含量逐渐增加。狗尾草和雾冰藜叶片在 MS 处理下 MDA 含量最大,分别比 CK 高 21.05% 和 225%;虎尾草、白茎盐生草和沙米叶片在 SS 处理下 MDA 含量最大,分别比 CK 高 100%、400% 和 125%。虎尾草、狗尾草、白茎盐生草和沙米根系在 SS 处理下 MDA 含量最高,且与对照差异显著($P<0.05$),与 CK 相比分别提高了 166.67%、283.33%、100% 和 10.53%;雾冰藜根系在 MS 处理下 MDA 含量最高,与 CK 相比提高了 69.23%($P<0.05$)。虎尾草、白茎盐生草、沙米和雾冰藜各处理根系的 MDA 含量均高于叶片的 MDA 含量。复水处理与相应干旱胁迫相比,各植物 MDA 含量有所下降,但差异不显著(图 2.6)。

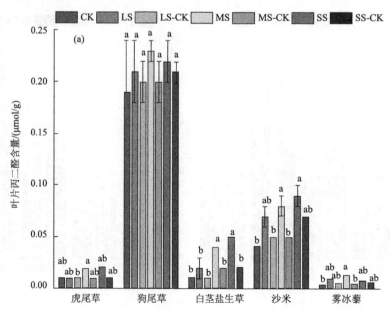

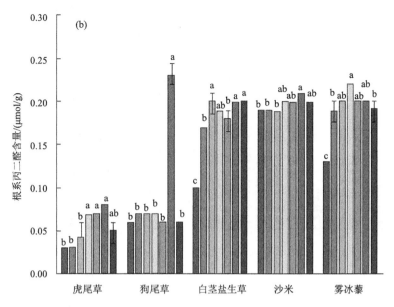

图 2.6　干旱胁迫及复水下 5 种一年生草本植物生长早期细胞膜稳定性

注:CK:对照;LS:轻度干旱胁迫;LS-CK:轻度干旱胁迫-复水;MS:中度干旱胁迫;MS-CK:中度干旱胁迫-复水;

SS:重度干旱胁迫;SS-CK:重度干旱胁迫-复水。同一物种,不同字母表示处理间差异达 0.05 显著水平(P<0.05)

2.1.2.2.4　干旱胁迫及复水对 5 种一年生草本植物叶片和根系抗氧化酶活性的影响。

各个干旱胁迫处理与对照相比均提高了叶片和根系的过氧化物酶活性(POD)和超氧化物歧化酶活性(SOD)。5 种一年生草本植物在 SS 处理下叶片酶活性最大,且与对照差异显著(P<0.05),分别比 CK 高 136.50%、195%、69.49%、195%、54.55%、135.90%、80.62%、45.85%、711.74% 和 344.74%(图 2.7a,c)。5 种一年生草本植物根系 POD 活性随干旱胁迫程度增加而增强。虎尾草、白茎盐生草、沙米和雾冰藜从中度干旱胁迫开始就显著高于对照(P<0.05),与 CK 相比分别提高了 125%、31.25%、40.00%、120.00%(图 2.7b)。虎尾草、狗尾草和白茎盐生草根系 SOD 活性随干旱胁迫程度的加剧呈持续增加的趋势;沙米和雾冰藜随干旱胁迫程度的加剧表现出先增加后下降的趋势(图 2.7d)。复水后各植物 POD 和 SOD 活性均下降,且根系的恢复能力优于叶片。重度干旱胁迫复水后白茎盐生草、沙米和雾冰藜根系 POD 活性高于中度干旱胁迫水平,而虎尾草和狗尾草低于中度干旱胁迫水平。重度干旱胁迫复水后虎尾草、白茎盐生草和沙米根系 SOD 活性高于中度干旱胁迫水平,而狗尾草和雾冰藜低于中度干旱胁迫水平(图 2.7)。叶片的 POD 活性最低值为 590 U/(g·min),最高值为 3571.11 U/(g·min),根系的 POD 活性最低值为 106.67 U/(g·min),最高值为 1166.67 U/(g·min),总体上叶片的 POD 活性较根系略大。叶片的 SOD 活性最低值为 41.47 U/g FW,最高值为 410.51 U/g FW,根系的 SOD 活性最低值为 14.45 U/g FW,最高值为 359.56 U/g FW,总体上叶片的 SOD 活性较根系略大。

2.1.2.2.5　干旱胁迫及复水对 5 种一年生草本植物叶片和根系渗透调节的影响

虎尾草、白茎盐生草和沙米叶片的脯氨酸(Pro)含量从轻度干旱胁迫开始就显著高于对照(P<0.05)。虎尾草、沙米和雾冰藜的 Pro 含量在 SS 处理下达到最大值,分别比 CK 增加了

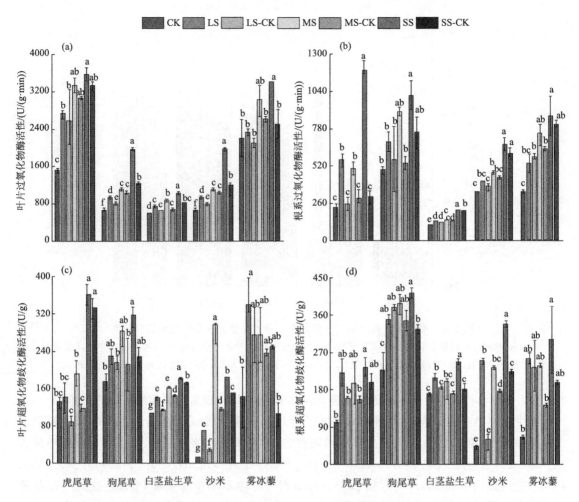

图 2.7 干旱胁迫及复水下 5 种一年生草本植物生长早期抗氧化酶（SOD、POD）活性

注：CK：对照；LS：轻度干旱胁迫；LS-CK：轻度干旱胁迫-复水；MS：中度干旱胁迫；MS-CK：中度干旱胁迫-复水；SS：重度干旱胁迫；SS-CK：重度干旱胁迫-复水。同一物种，不同字母表示处理间差异达 0.05 显著水平（$P<0.05$）

633.33%、412.11%和 369.58%（$P<0.05$）；狗尾草和白茎盐生草在 MS 处理下达到最大值，分别比 CK 增加了 103.32%和 895.56%（$P<0.05$）（图 2.8a）。5 种植物根系 Pro 含量在中度干旱胁迫下增加较多，虎尾草、沙米和雾冰藜在 SS 胁迫下达到最大值，与对照组相比提高了 1210.75%、2702.27%和 8837.13%（$P<0.05$）；狗尾草和白茎盐生草在 MS 胁迫下达到最大值，与对照组相比提高了 858.04%和 2727.35%（$P<0.05$）（图 2.8b）。叶片的脯氨酸含量最低值为 2.52 μg/g，最高值为 150.23 μg/g，根系的脯氨酸含量最低值为 3.49 μg/g，最高值为 593.24 μg/g，因此，总体上根系的脯氨酸含量较叶片略大。五种植物叶片的可溶性糖（SS）含量均在 SS 处理下达到最大值，分别比 CK 增加了 55.96%、231.24%、771.84%、132.18%和 118.83%。虎尾草和雾冰藜虽然随着干旱程度加剧，可溶性糖含量不断增加，但差异并不显著（图 2.8c）。SS 处理与 CK 处理相比，均显著提高了虎尾草、狗尾草、白茎盐生草和沙米根系的可溶性糖含量（$P<0.05$），增幅 62.56%、90.02%、511.55%和 367.35%；雾冰藜各处理根系的可溶性糖接近或略高于对照水平，与对照相比差异均不显著，在 SS 处理下可溶性糖

含量增大到最高值(26.99 mg/g)(图 2.8d)。叶片的可溶性糖含量最低值为 2.39 mg/g,最高值为 24.15 mg/g,根系的可溶性糖含量最低值为 4.41 mg/g,最高值为 97.35 mg/g,因此总体上根系的可溶性糖含量较叶片略大。虎尾草、狗尾草、白茎盐生草和沙米叶片的可溶性蛋白(SP)含量在 SS 处理下达到最大值,分别比 CK 增加了 24.02%、32.09%、8.46%和 32.15%(P<0.05);雾冰藜叶片的可溶性蛋白含量在 MS 处理下达到最大值,比 CK 增加了 48.17%(P<0.05)(图 2.8e)。5 种植物根系的可溶性蛋白含量在 SS 处理下达到最大值,且与对照差异显著(P<0.05),分别比对照增加了 33.02%、13.65%、8.18%、4.84%和 8.01%(图 2.8f)。复水后各植物 Pro、SS 和 SP 含量均下降,且根系的恢复能力优于叶片,在重度干旱复水后,虎尾草、白茎盐生草,沙米和雾冰藜根系 Pro 含量与重度干旱胁迫相比显著下降(P<0.05),在重度干旱胁迫复水后 5 种植物根系 SP 含量低于中度干旱胁迫水平(图 2.8)。

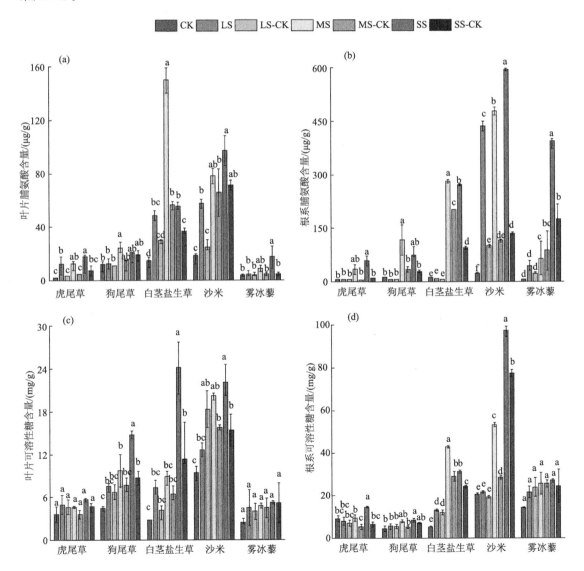

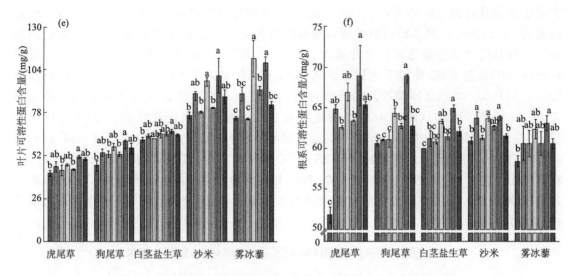

图 2.8 干旱胁迫及复水下 5 种一年生草本植物生长早期渗透调节

注:CK:对照;LS:轻度干旱胁迫;LS-CK:轻度干旱胁迫-复水;MS:中度干旱胁迫;MS-CK:中度干旱胁迫-复水;
SS:重度干旱胁迫;SS-CK:重度干旱胁迫-复水。同一物种,不同字母表示处理间差异达 0.05 显著水平($P<0.05$)

2.1.2.3 干旱胁迫及复水下 5 种一年生草本植物生长早期生长与生理指标的相关性

由图 2.9(彩)可知,株高与叶绿素 a、叶绿素 b、总叶绿素、可溶性蛋白(SP)和脯氨酸(Pro)含量呈显著负相关,与可溶性糖(SS)含量呈负相关但相关水平未达到显著。叶绿素与过氧化物酶活性(POD)和超氧化物歧化酶活性(SOD)呈显著负相关,与丙二醛(MDA)含量呈负相关,

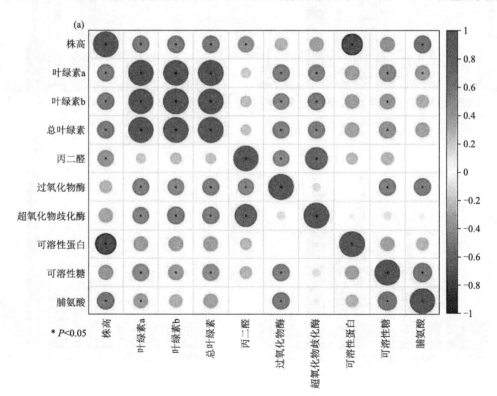

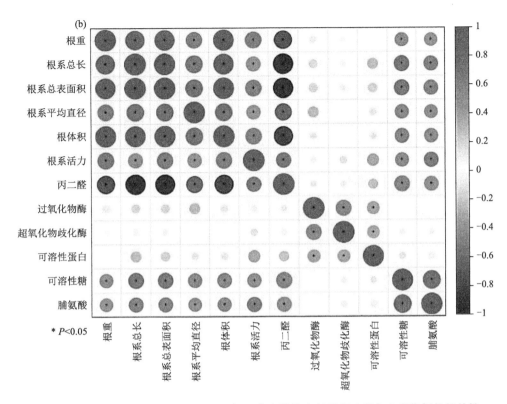

图 2.9(彩)　干旱胁迫及复水下 5 种一年生草本植物生长早期生长与生理指标的相关性
(a)地上部分；(b)地下部分

与 SS 呈显著正相关。根系形态指标与根系活力呈显著正相关关系,与 MDA、SS 和 Pro 含量呈显著负相关,与 SOD、POD 活性和 SP 含量呈正相关关系,但相关未达到显著水平。根系活力与 MDA、SS、Pro 含量呈显著负相关。由图 2.10 可知,干旱对根系活力和叶绿素呈极显著负相关关系(标准化系数分别为 −0.809 和 −0.765),干旱对 SS 含量呈极显著正相关(标准化系数为 0.557)(图 2.10a,b)。根重、总根长与株高呈极显著正相关关系(标准化系数为 0.348、0.597)。根系渗透调节对叶片渗透调节呈极显著正相关关系(标准化系数为 0.776),根系酶活性对叶片酶活性呈极显著正相关关系(标准化系数为 0.557),根系活力对光合色素产生极显著正相关关系(标准化系数为 0.492)(图 2.10c)。

2.1.3　讨论

2.1.3.1　干旱胁迫及复水对 5 种一年生草本植物生长早期形态特征的影响

干旱胁迫对植物最直接、最明显的影响是植物生长受到抑制。植物细胞的分裂和伸长都需要一定的水分和膨压,土壤干旱会导致植物生长水分不足,影响其细胞的增长与繁殖,从而抑制植物生长,导致植物的形态发生变化(冯树林,2020),大量研究结果表明:在干旱逆境下,植物的地上部分叶、芽、茎和地下部分根系生长均会受到影响(李阳 等,2006;庄晔 等,2022;马廷臣 等,2010)。当植物遭受干旱胁迫时,根系首先发出胁迫信号,然后植物迅速对干旱胁迫做出反应以适应干旱环境(郑森 等,2020),植物根系形态与植物整体抗旱能力密切相关,是衡量植物抗旱性的重要指标(单长卷 等,2007)。本研究发现,在轻度干旱胁迫下,雾冰藜和白

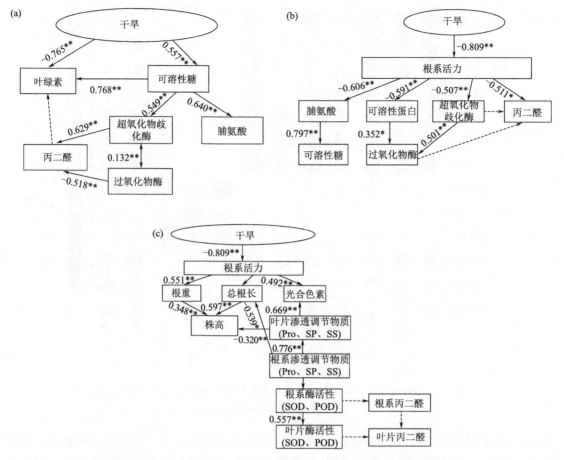

图 2.10 干旱胁迫下 5 种一年生草本植物生长早期路径图(∗表示 $P<0.05$,∗∗表示 $P<0.01$)
(a)地上部分;(b)地下部分;(c)地上部分和地下部分的协同关系

茎盐生草的根系总长及狗尾草和白茎盐生草的根系总表面积增加,这说明轻度干旱胁迫可以促进一年生草本植物的根系生长发育,但随着干旱程度的加重,根系生长指标均会受到抑制。这主要是因为干旱条件下植物通过延长根系长度和增加根系数量来实现大面积吸收土壤水分来减轻干旱对其自身造成的损害,但当干旱胁迫强度超过耐受水平时,根系的生长发育就会受到抑制,这在许多植物中也有类似的发现(王晓雪 等,2020;白莉萍 等,2004;张翠梅 等,2018)。

干旱之后复水刺激的生长补偿作用是植物的一种普遍现象(代红军,2007;赵丽英 等,2004),也是植物耐受干旱胁迫的重要调节机制,但也往往因干旱胁迫程度、胁迫持续时间和植物类型的不同而有所差异,最终导致植物在复水后的恢复过程有所不同。本研究发现复水后,幼苗地上部分的株高无明显改善,地下部分能一定程度上补偿干旱胁迫对植物早期生长指标的伤害,且总体上浅根系禾本科一年生草本植物的恢复能力强于深根系藜科植物。这主要是由于水分改变了植物光合同化产物在根、茎、叶等营养器官中的分配比例,促进根系和生殖器官的生长,在形态上表现出一定的补偿作用(刘展鹏 等,2016)。

2.1.3.2 干旱胁迫及复水对 5 种一年生草本植物生长早期生理指标的影响

在逆境条件下,根系活力是衡量植物抗逆水平的重要生理指标,可直接影响植物的生长

（刘娅惠 等，2022）。一般情况下，随着胁迫程度的加剧，根系活力会显著降低。本研究中，5 种一年生草本植物根系活力随着干旱胁迫程度的加剧，基本呈逐渐下降趋势，不同干旱胁迫下根系活力与对照组存在显著性差异。复水后，各植物根系活力呈缓慢上升趋势。这表明一年生草本植物在复水后，吸收更多的水分能对根系活力做出调整以适应干旱环境。

叶绿素是光合作用的重要条件之一，在一定程度上可以反映植物对逆境胁迫的抵抗能力。一般认为干旱胁迫抑制叶绿素的合成并加速其降解，从而降低叶绿素含量（许令明 等，2020；周欢欢 等，2019）；但也有研究表明，干旱胁迫会增加叶绿素含量（蔡丽平 等，2011；李婷婷，2019）。本研究中，虎尾草和雾冰藜在重度干旱复水后叶绿素 a、叶绿素 b 和总叶绿素含量最高；狗尾草和沙米在轻度干旱复水后叶绿素 a、叶绿素 b 和总叶绿素含量最高，这说明一年生草本植物在轻度干旱胁迫下叶绿素存在补偿效应，是幼苗在干旱胁迫下维持光合速率的一种生理适应机制（任磊 等，2015）。

植物生长在干旱环境中通过调节抗氧化酶活性来激活相应的抗氧化防御系统，从而增强对干旱环境的适应性和抵抗能力（裴斌 等，2013）。SOD 酶是植物细胞膜脂过氧化防御系统的重要保护酶，存在于植物细胞溶质和线粒体中，能催化超氧自由基的歧化反应生成过氧化氢，是植物细胞体内的第一道抗氧化防线，其作用是将超氧阴离子歧化为 H_2O_2，从而保护植物免受 ROS 的伤害；POD 酶对胁迫环境反应更为敏感，能有效清除低浓度的 H_2O_2。不同植物在遭受干旱胁迫时抗氧化酶活性表现不同，有的随着干旱胁迫程度的增加而持续上升（王宁 等，2019），有的则表现出先升后降（贾学静 等，2013；马福林 等，2022；崔婷茹 等，2017）。本研究中，叶片和根系的 POD 活性表现出一致性，即随干旱胁迫程度的加剧 POD 活性逐渐增加，到重度干旱胁迫下达到最大值。5 种一年生草本植物叶片 SOD 活性随干旱胁迫程度增加而增强，而根系 SOD 活性表现不同。虎尾草、狗尾草和白茎盐生草根系 SOD 活性随干旱胁迫程度的加剧呈持续增加的趋势；沙米和雾冰藜随干旱胁迫程度的加剧表现出先增加后下降的趋势。这可能是由于沙米和雾冰藜体内抗氧化酶系统具有抗逆性的生理活动被加速诱导，SOD 活性逐渐增加，以消除干旱胁迫产生过量的 ROS，但是随着胁迫程度的增加，根系中 ROS 数量同时增加，超出酶系统所能耐受的正常范围，导致其难以清除体内过量的自由基，从而破坏了细胞膜及酶系统，保护酶 SOD 活性急剧下降（王利界 等，2018）。POD 是氧自由基清除酶系统中的一种关键酶，在减轻膜脂过氧化对细胞膜的损伤方面发挥着重要作用。MDA 是细胞膜脂过氧化的重要产物（刘玉英 等，2010），具有细胞毒性，容易引起细胞膜功能的紊乱，其含量与细胞膜脂氧化程度密切相关（刘艳 等，2012）。正常环境下，植物体内自由基的产生和清除是动态平衡的，但在干旱条件下，植物自身的防御和清除系统不及时、不彻底地做出反应，导致植物体内有害物质产生，使膜脂质过氧化物丙二醛的含量增多。本研究中，干旱胁迫程度的加剧使 5 种植物 MDA 含量逐渐增加且根系的 MDA 含量高于叶片（单长卷 等，2011）。本研究中，复水后各植物叶片和根系的酶活性和 MDA 含量与相应干旱胁迫相比有所下降，但未能恢复至对照水平，表明复水后其细胞中过量的活性氧及自由基被部分清除，从而减轻干旱胁迫对细胞造成的损伤，在一定程度上缓解了干旱胁迫对一年生草本植物叶片和根系造成的伤害。

干旱和复水会引起土壤水势的变化。植物细胞通过渗透物质参与渗透调节过程和调动溶质来防止水分从体内流向环境或从环境流向体外，从而与周围土壤的水势保持平衡（陈俊芳 等，2022）。渗透调节主要包括 K^+、Ca^{2+}、Na^+、Mg^{2+}、Cl^-、SO_4^{2-}、NO_3^- 等外部环境进入细胞内的无机离子,以及在细胞内合成的有机物质,如脯氨酸、甜菜碱、可溶性糖等(Matilda et al.,2015)。

渗透调节会导致细胞溶质浓度增加,降低细胞渗透势,保持膨压,以保证植物体内水分以及细胞内各项生理活动的正常进行,从而减轻或缓解干旱胁迫对植物体造成的伤害,如在干旱环境中植物通过积累可溶性糖、脯氨酸等渗透调节物来调节细胞渗透势,以提高植物的适应和抵御干旱环境能力(Dghim et al.,2018)。本研究中,中度干旱和重度干旱胁迫下,5种植物的脯氨酸含量大量增加,雾冰藜根系脯氨酸含量在重度干旱胁迫下高达89倍。虎尾草、狗尾草、白茎盐生草和沙米4种植物在受到干旱胁迫下,体内的可溶性糖含量大量积累;雾冰藜各处理的可溶性糖变化不显著。随干旱胁迫程度加剧5种植物根系的可溶性蛋白含量增加较少。从渗透调节物质含量变化趋势看,干旱胁迫下脯氨酸含量变化较为明显,可溶性糖含量也有所提高而可溶性蛋白含量变化不明显,推测脯氨酸和可溶性糖可能是虎尾草、狗尾草、白茎盐生草和沙米这四种植物受到干旱胁迫后产生的主要渗透调节物质,植物体内的可溶性蛋白含量可能与耐旱性关系不大。一般来说,抗旱性强的植物通过增加Pro和SS的积累来维持生长。5种一年生草本植物的叶片和根系通过积累脯氨酸和可溶性糖来增加细胞内的溶质浓度,保持细胞内水分含量和渗透压的恒定,保护叶片和根系免受过度脱水,从而增强自身的抗旱能力,是一年生草本植物适应干旱环境的抵御机制。复水后,各植物的叶片和根系渗透调节物质含量均有所下降。这可能是因为复水后一年生草本植物的叶片和根系利用自身细胞的渗透调节作用来降低水势,使细胞可以继续从外界吸水以维持细胞膨压,提高叶片和根系的含水量,导致渗透调节物质含量降低。

2.1.3.3 干旱胁迫及复水下5种一年生草本植物生长早期生长与生理指标的相关性

本研究发现,一年生草本植物总根长、根重与株高呈极显著正相关关系,同时还发现根系渗透调节物质影响叶片渗透调节物质,根系酶活性影响叶片酶活性。根系供应地上部分生活所必需的水分和矿质营养,还能合成地上部分所必需的有机物质,以及细胞分裂素、植物碱等微量生理活性物质(赖小连 等,2020)。干旱胁迫下5种一年生草本植物幼苗叶片萎蔫和生长受到抑制,是光合强度、抗氧化酶活性和渗透调节物质等多个指标综合作用的结果。在干旱胁迫下,根系最先感知并传递信号,同时根系形态结构和理化特性也会发生相应变化,导致植物生长受阻,甚至死亡。本研究还发现,干旱胁迫对根系活力呈极显著负相关关系,根系形态指标与根系活力呈显著正相关,说明强壮的根系其吸收能力也很强,从而具有很强的耐旱能力。MDA含量与根系生长指标和根系活力呈显著负相关,表明土壤严重缺水会破坏植物的膜系统,从而抑制根系生长,干旱胁迫产生的ROS对根系的吸收有很大的影响,而且这种影响随着浓度的增加而变得更加严重。马廷臣等(2010)在不同聚乙二醇(PEG)浓度对不同抗逆性水稻品种根系形态指标和生理特性研究中指出,干旱胁迫引起的活性氧代谢增强和细胞质膜透性增加不利于根系增粗,从而阻碍水稻根系的发育。保护酶活性和膜脂过氧化产物存在一定的相关性,当植物受到干旱胁迫时,植物体内的保护酶协同作用产生过氧化氢,抑制MDA的大量产生,MDA作为脂质氧化的产物,会破坏核酸、蛋白质和细胞膜等结构功能,对植物造成伤害。叶片渗透调节物质对光合色素产生显著正相关关系,叶绿素与POD和SOD含量呈显著负相关,与MDA呈负相关。在干旱胁迫下,植物的光合作用受到气孔因素和非气孔因素的限制,通过渗透调节可以使植物维持适当的气孔开启程度,有利于光合作用(黎裕,1994)。

2.1.4 结论

轻度干旱胁迫对 5 种一年生草本植物生长影响较小,甚至有一定的促进作用;中度和重度干旱胁迫下植物生长会受到抑制。一年生草本植物会通过积累渗透调节物质维持渗透压以及激发抗氧化酶的活性来清除活性氧,提高保水能力,维持细胞膜的稳定性,从而适应干旱胁迫维持生存,表现出较强的抗旱性。复水可使植物叶片和根系由干旱造成的伤害得到缓解,表现出不同程度的补偿效应,使前期受干旱胁迫影响的生长和生理特性指标得到一定的补偿,且SOD、POD、Pro 和 SS 这些指标根系的恢复能力均高于叶片。

2.2 荒漠区植物对干旱胁迫的适应机制

2.2.1 个体适应机制

荒漠地区气候干旱,降水稀少,蒸发强烈,土地贫瘠,土壤盐渍化严重,因此,为适应严酷的生态条件,荒漠植物有的叶面缩小或退化,呈鳞片状、刺状或呈无叶类型,以减少蒸发;有的具有肉质茎或叶,以贮存水分;有的茎叶被茸毛,以抵抗灼热;同时,大多数植物具有发达根系,以利从深层土中吸收水分。这些适应策略对维护荒漠绿洲边缘固沙植被系统生态结构和功能稳定起到不可替代的作用(Wang et al. ,2020a)。

在干旱荒漠生态系统,降水通常以脉动的形式发生,发生时间间断且不可预测,这导致土壤水分也呈不连续脉动状态,加之荒漠地形、气候、土壤等自然要素在空间分布极不均匀,荒漠一年生植物快速捕获稍纵即逝的降水对其生存和扩张至关重要。

根系作为一年生植物水分和养分的直接吸收利用者,对环境变化最为敏感(Majdi et al. ,2005),当环境胁迫发生时,根系最先感应,并通过产生不同的表型、调整空间分布、改变水分和养分捕获模式来保持正常的生理功能。同时,根系还可以通过迅速发出信号使整个植株“主动”减慢生长速率,重新设定抗逆性和生长之间的平衡,使个体和种群更加适应胁迫环境。

表型可塑性作为植物对不同环境胁迫应答产生不同表型(形态、生理、物候)的特性,在植物个体发育与进化中占有非常重要的地位(Hendry,2016)。根系的表型可塑性反应要早于茎和叶,因此根系表型可塑性一直被视为研究植物生长发育与适应环境变化的重要参量(Valladares et al. ,2007)。在衡量植物表型可塑性能力与适应性的关系时,通常将适合度(fitness)作为表型特征可塑性的函数。一般而言,对于环境胁迫较为敏感的物种在利用环境资源方面具有获取优势,能够维持较高的适合度;但是剧烈环境变化也有可能会引起植物表型的不适应改变,造成种群适合度的下降。作为“机会主义者”,一年生植物由于受生活史策略、植物功能特征影响,对环境胁迫异常敏感。即使微小的生境变化,也可能导致其产生不适应的应激反应,影响正常生理活动和生长,最终导致种群适合度下降(Tadey et al. ,2009)。因此,探究一年生植物根系表型与生长适合度的关系,将有助于我们更加准确地预测人工固沙区土壤环境异常变化对干旱荒漠生态系统一年生植被格局的潜在影响,为科学制定植物保护与生态恢复措施提供可靠依据。

在全球气候变暖的背景下,北半球干旱半干旱地区可能会面临更多、更严重的干旱事件

(Alexander，2016)，年内、年际间的降水波动将更加频繁(Peterson et al.，2002)，水资源短缺与区域降水不平衡的局面也将更为严峻(Xu et al.，2010a)。尤其是对于干旱荒漠绿洲地区，全球气候变暖和人类活动共同作用下水文过程变化以及水资源调配的时空再分配，以及在此基础上叠加的盐分集聚效应成为干旱荒漠人工固沙系统面临的主要威胁和严峻挑战(Zhang et al.，2023；Gou et al.，2022c,d)。尽管干旱荒漠生态系统植物在长期进化过程中已形成一系列完整的生态适应策略，但多因素高强度胁迫对于干旱人工固沙区植被系统的影响后果存在潜在风险和极大的不确定性，特别是对于脆弱敏感的一年生植物，其区域灭绝的可能性大大增加。因此，以一年生植物根系"表型可塑性"作为研究一年生植物适应环境胁迫的切入点，研究在钠盐集聚和干旱胁迫交互作用下典型一年生植物"根系表型、生理过程、种群适合度"多个水平上的适应机制，强化根系"表型可塑，空间移动"这一属性，评估地下—地上功能属性关联和根系可塑性对一年生植物水分利用策略和种群适合度的影响，不仅可以进一步补充现有荒漠植物表型可塑性研究，在实践应用层面，也有利于更准确地预测环境变化影响下的人工固沙地区一年生草本植物种群和群落的消长规律。

关于表型可塑性的研究始于 20 世纪 60 年代，Bradshaw(1965)在一篇综述中首次提出表型可塑性的概念。从 20 世纪 80 年代开始，随着进化-生态学和最优化理论的发展，表型可塑性研究成为生态学研究一个活跃的领域，研究内容主要集中在植物结构、生理特性和生物量积累特征的描述，并通过对比室内实验和野外调查构建植物构件结构、个体功能、生活史特征的评价范畴(Scheiner，1993；West-Eberhard，1989；Schlichting，1986)。虽然早期研究在个体、种群、群落和生态系统对非生物环境(光照、温度、土壤水分和养分)和生物环境(密度、竞争、动物干扰、微生物)变化的表型可塑性响应机制等方面都有所涉及(Pfennig，2016)，但研究方法主要集中在实验室内单一环境因子作用模拟试验，结果与自然真实生境存在很大的差距(Quero,2006；Kurashige，2005；Sultan，2000)。同时，由于不同物种、种群或基因型对环境变化的敏感性、可塑性变异的能力不尽相同，导致表型预测结果可能会偏离实际的可塑性响应程度(Liu et al.，2010；Van Kleunen et al.，2005)。近年来，随着全球气候变化和人类活动日益加剧，学者们对干旱半干旱地区植物表型可塑性产生机制及其潜在生态影响更为关注(Kelly et al.，2012；Sultan，2010)。特别是对于降水稀少、植被稀疏、生态环境脆弱的干旱荒漠生态系统，植物根系对土壤环境变化的可塑性响应机制成为了现阶段新的研究热点(Majdi et al.，2005；Collins et al.，2008)。但目前关于干旱区荒漠生态系统不同类型植物根系表型、生理与逆境胁迫适应机制、根际营养与养分吸收利用、根系发育以及与地上部光系统的关系等诸多问题还有待进一步研究(Jia et al.，2018)。

根系的表型作为植物适应胁迫环境的综合指示器，直接反映植物对年内、年际间环境要素波动的生态适应策略(Gu et al.，2016；Leppalammi-Kujansuu et al.，2014)。植物根系表型特征由诸多非生物、生物因素共同决定，诸如光照、温度(Alvarez-Uria et al.，2011)、土壤水分(Vanguelova et al.，2005)、养分(Rytter，2013)、密度以及竞争(Holdaway et al.，2011)等。在干旱荒漠生态系统，土壤水分对植物根系功能性状的影响最为显著(Qi et al.，2018；Luke et al.，2012；Manes et al.，2006)，也是植物生长、发育的主要制约因素。"可塑性先行"假设认为，当环境胁迫发生时，植物通过某一些特征的可塑性响应，以免由于难以适应环境变化而死亡(West-Eberhard，2003)。根系发育、根群分布以及不同时期保持根系吸收水分和养分的活力成为荒漠植物适应干旱环境的关键(Hendry，2016；Chen et al.，2016；John et al.，

2001),而根系的表型可塑性也一直被视为研究植物生长发育与适应环境变化的重要参量(Valladares et al.，2007；Cheng et al.，2006)。根系表型可塑性可以缓冲甚至在一定程度上屏蔽新生境造成的压力来保持正常的生理功能(Hertel et al.，2013)。但根系表型变化或不变,既可能是一种相对成功的积极响应,也可能是自我调节能力的不足或失败(Van Kleunen et al.，2005)。例如,在土壤水分亏缺的条件下,根系通常会变细,深入到贫瘠的土壤里,获取重要的深层水分和养分资源(Werner et al.，2010);但直径相对较小的根系往往寿命更短,不经历次生生长,只是执行养分和水分的吸收功能(Ehleringer et al.，1999)。因此,也有很多研究表明大部分功能性状的可塑性都是中性的,少数是适应性或非适应性的,因物种、性状及资源水平而异(Schlichting et al.，2002)。降水是干旱、半干旱生态系统不同时空尺度上各种生物过程的重要驱动因子(Ehleringer et al.，1999),不仅是激发植物各种生物生理和生长过程的主要驱动因素,也是促使这类植物侵入、定居及扩张的必要条件(Liu et al.，2003)。然而对环境胁迫过度反应,也有可能导致植物对不同降水类型的捕获能力下降,目前多数研究并未考虑如何界定表型可塑性的适应意义,尤其在自然环境下根系表型特征分异与生长适合度之间的关系还不明确。

在降水与资源供给间断且不可预测的干旱荒漠生态系统,适宜的水分、养分供给是干旱区荒漠植物完成生活史,维持种群动态平衡的必要条件。因此,在植物生活史各个阶段根系表型发育特征及其所对应的资源获取能力对植物个体存活和种群发展至关重要(Hendry，2016；Selwyn et al.，2007)。一般而言,植物根系表型发育机制主要有表型调整和生育转变(developmental conversion)两种形式(Wang et al.，2017a)。其中,表型调整通常被认为是一种"被动"的可塑性,由环境因子直接对根系性状的发育产生影响,多数情况下表现为连续性的变异,并且其变异程度与环境刺激成比例;而发育转变是一种"主动"的可塑性,是基于发育程序的调整,产生与环境刺激不成比例的离散表型(Van et al.，2005)。在植物的整个生命周期中,根系表型特征是发育过程与环境之间不断交互作用的整合结果,如何区分根系空间分异的发育转变和环境调控成为合理准确地预测环境变化对植物根系影响的必要前提(Chen et al.，2016)。

2.2.2　生理适应机制

研究植物根系表型对环境胁迫的响应机理,还需要充分考虑环境胁迫下植物根系生理和根系激素特性以及地上部"光系统"之间的关系。根系是植物最先感知土壤水分和盐分变化的器官,在胁迫环境下也能合成大量激素,例如,脱落酸(ABA),赤霉素(GA)和吲哚乙酸(IAA)等,这些激素可以作为根-茎信号,通过木质部茎干维管束传递到地上部,调节地上部分的生理活动,例如缩小气孔开度,抑制叶片的分化和扩展,以保证植物对有效水分的合理利用。最近有研究发现,在有利条件下植物中的 ABA 和渗透胁迫反应受到促进生长的 TOR 激酶的抑制;在不利的环境下,压力防御会被激活,并且作为压力响应的一部分,生长会受到抑制。另外,叶片的水分状况信号,如细胞膨压以及叶片合成的化学信号也可以反向传递给根系,影响根系的生长和生理功能。

植物根系表型对土壤水分变化的可塑性响应存在临界性与滞后性(Wang et al.，2017a；Lopez et al.，2001)。植物根系对于环境变化的响应过程(Bowker，2007)其实是对环境信号进行过滤的过程,只有超过一定的阈值范围的环境变化才能够引起根系生理、形态、构型的响应。而阈值大小通常由植物物种自身响应环境变化强度和持续时间的能力所决定(Schwinning et al.，2003)。通过近期研究,人们认识到植物根系表型可塑性产生的机制是植物根系感知到外部环境的变化,转换成内部可传达的信号,刺激分泌根系系统释放不同激素,产生不同的生理活动并通过长期积累最终引起表型变化,从而形成植物对不同环境信息的响应(Wang et al.，2017c)。但不论从短期还是长期看,根系可塑响应都是一个动态过程,包括植物体内对环境信号的筛选和整合,以及通过一系列内在的传导途径,对环境变化做出持续的响应(Schwinning et al.，2004a)。同时,由于根际层土壤及植物根系功能类型对土壤资源的时空分割,土壤水分引发的根系响应往往存在滞后效应,尤其是对于多年生深根系的木本植物,这种响应延滞现象更为明显(Ogle et al.，2004)。

表型可塑性虽然是植物根系适应土壤环境变化的重要机制之一,但也会受到可塑性成本的限制(Van Kleunen et al.，2005)。在胁迫环境下,植物生产力有限,主要通过调节根系和地上生物量分配适应资源竞争,保证最大化地降低资源限制。因此,合理分配生物量对植物获取资源、赢得竞争和成功繁殖都至关重要。最优分配理论认为,在资源胁迫环境中植物倾向于将更多资源分配给更受限资源的吸收器官,如植物受到光资源胁迫时,更多的资源将分配给茎叶;当植物受到水分或者养分胁迫时,更多的资源将分配给根系,导致根冠比增加。而对于根系表型可塑性主要通过两种方式影响适合度,一种是表现最大化,即通过增加资源获取能力增加总体适合度;另外一种是表现维持,即在胁迫的条件下维持必要的生理功能(Lu et al.，2018;Auld et al.，2010)。在干旱荒漠地区,根系的本质是对土壤水分和养分的"觅食",因此最优化原理常常被用于植物可塑性评价,即最大化净能量回报等同于最大适合度(最优觅食理论),通过建立生理过程与存活率、生殖力和发育速度关系之间的连接,从而从整体角度综合性评价局部响应及其整合作用(Matesanz et al.，2010)。

植物叶片对光能的吸收利用和传递的能力与外界环境因子有关,当外界环境因子发生变化,对光能的吸收利用和转化效率也会随之发生变化,除此之外,也与植物自身的生理状态密切相关。干旱地区的植物会出现光合"午休"的现象,这种现象是植物适应干旱环境的一种方法,植物通过关闭部分气孔避免受到干旱环境的胁迫,可以提高植物的水分利用效率。植物干旱环境中的这种适应方式,对植物体节水和适应干旱环境是有利的,但也存在不利之处,不利于光合作用的进行和有机物质的积累。处于不同生长阶段的乌柳所采取各异的水分利用方式是对当地特殊环境的适应,反映了不同林龄乌柳为了维持自身的碳水平衡,获取最大碳收益而采取的不同的生态适应对策(Liu et al.，2012a)。

青海共和盆地高寒沙地中的中间锦鸡儿是主要的造林灌木树丛,研究发现,锦鸡儿通过提高水分利用效率来适应恶劣的干旱环境。在干旱的环境中,随着时间的延续以及植物的蒸腾作用,植物失去大量的水分,从而导致植物的死亡。干旱地区降水稀少,天然降水不能够维持植物的生存,从而引起植物的退化,因此水分利用策略是植物适应干旱胁迫的一种重要方式,通过对中间锦鸡儿不同发育阶段的水分利用来源与水分利用效率的分析,判断中间锦鸡儿以天然降雨为主要水分来源,并且在人工种植多年后并没有发生明显退化现象,表明中间锦鸡儿在高寒沙地可以维持较长时间的稳定(Liu et al.，2012b)。

2.2.3 种群适应机制

在干旱环境下,植物种群为了维持生长和发育,植物种群的盖度、密度和高度均小于湿润以及环境优越的地区,这是因为湿润以及环境优越的地区的土壤含水量大于干旱环境。在干旱环境条件下,植物物种较稀疏,植物种子表现为连续萌发状态。通过这种延长萌发时间的策略来适应不确定的干旱沙生环境,能够躲避不可预测的风沙和干旱干扰,减少种子一次性萌发的风险,提高种群定居的成功率。物种有两种生存策略,干旱地区的植物的生存策略是 r 策略,干旱地区环境恶劣,植株的存活率较低,一旦环境发生不利的改变,植株就有可能遭受灭亡。植物在其生活史过程中为了很好地适应荒漠干旱地区的生物因素以及非生物因素,形成了一套生存对策来应对环境对植物产生的伤害。据 Boulos(1994)报道,种群中种子快速萌发和早期定居,从而能有利于抵御干旱的胁迫,能有效地提高植物与其他植物的竞争能力。Kevin(2001)研究表明,种群必须快速地发展根茎系统,从而使幼苗可以在拥挤和资源短缺的生境中获得竞争的优势。

第 3 章　多年生红砂-泡泡刺群落演替与多维度权衡

3.1　长期封育下荒漠绿洲边缘植物群落与土壤演变特征

　　荒漠绿洲边缘是独特的生态敏感带(付鹏程,2021),也是干旱半干旱过渡区的典型地带之一。在维护生态安全和农业生产方面起着巨大作用,同时,在保护该区域生态多样性、遏制荒漠化和维护绿洲经济社会可持续发展方面(张新时,2001)也起到了极为关键的作用(Chen et al.,2020)。在荒漠绿洲边缘,绿洲化和荒漠化同时并存,加之荒漠绿洲边缘生态系统极其脆弱(Wang et al.,2015a,2020b),特别在近 50 a 来(20 世纪 70 年代至今),由于中国西北地区人口的快速增长和绿洲边缘地区天然灌木和草地的大规模开垦,绿洲边缘地区的生态环境不断恶化,极端风沙破坏造成了天然植被的退化(王涛,2009)。基于这些生态问题,我国在荒漠绿洲边缘地区采取了一系列的生态工程,例如以天然植被封育和人工固沙植被建设为主要的生态保护和恢复措施,为该地区的生态恢复做出了巨大贡献(李新荣 等,2013)。

　　河西走廊是我国西北"丝绸之路"的关键地带,是中国西北干旱地区典型的绿洲灌溉农业区域(常学礼 等,2012)。然而,该地区北临巴丹吉林沙漠,西面库木塔格沙漠,干旱的气候,强烈的风沙活动,再加上人类放牧干扰,导致绿洲边缘天然生态系统退化、土壤沙化和水土流失严重(Gremer et al.,2015)。在过渡区的边缘设置围栏封育成为恢复该地区退化生态系统的最为重要和有效的措施之一,并有效地促进植被恢复和当地生态系统稳定(陈蔚 等,2022)。长期封育下天然荒漠植被演替及稳定性研究(Wang et al.,2019a)对干旱区生态恢复来说是必要的,在河西走廊干旱半干旱边缘地区天然荒漠植被演替过程中,一些天然灌木、天然半灌木比如红砂、泡泡刺,在没有人为干预的情况下,逐渐成为优势种,这些植物在生境恢复上发挥了关键的作用(Gou et al.,2023b)。一般而言,在荒漠绿洲边缘,沙地植被的破坏主要是由于人为过度放牧活动造成的,当人为影响被消除后,天然荒漠植被就可以得到有效的恢复,增加了植被覆盖率和密度,但恢复天然荒漠植被的过程是一个非常困难而缓慢的过程(赵哈林 等,2006)。目前我国学者研究主要涉及封育后地上植被群落特征(姚喜喜 等,2021)、草地多样性(王蕾 等 2012)、生物量(陈建伟 等,2006)、群落功能性状(张晶 等,2017)及土壤理化性质动态变化;对植物群落生态位、物种间关联的研究是在典型草甸草原,但针对连续长期封育下红砂-泡泡刺群落多样性、生态位和稳定性变化研究相对较少。

　　基于此,本研究对河西走廊荒漠绿洲边缘典型荒漠植被群落近 10 a 定位监测,监测内容主要包括土壤含水量、土壤养分、气象、荒漠植物群落等因子的连续动态变化,同时对不同封育年限下荒漠土壤理化因子、植被群落演替、植被多样性、生态位和种间关联变化以及群落稳定性进行探索,为河西走廊退化荒漠植被生态系统的恢复和保护提供理论依据和数据参考。

3.1.1　研究内容

比较长期连续封育下红砂-泡泡刺群落演替、植物多样性和土壤因子(土壤含水量、土壤养分等)变化,以及分析影响植物多样性变化的因素,揭示不同封育年限红砂-泡泡刺群落演替规律。

3.1.2　方法与处理

3.1.2.1　研究区概况

研究区位于甘肃省临泽县,东西南北分别与张掖市甘州区、高台县、祁连山与肃南裕固族自治县、内蒙古自治区阿拉善右旗接壤,总面积为 2729 km²。研究区气候属于温带大陆性荒漠气候,全年降水少,降水主要集中在夏季,气候干旱,光照长,辐射强;年降水量 124.3 mm,年均温 7.6 ℃。这里的气候特点是四季分明,漫长的寒冷冬季、短暂的炎热夏季、早期的温暖春季和缓慢渐冷的秋季。研究区位于张掖盆地,南部有祁连山,北面也有低山丘陵,中部为低平的走廊平原,因此,地势南北高、中间低由东南向西北倾斜。由地形、地势可分三个类型:南部是祁连山区,中部是河流冲积成的平原区,北部是低山丘陵区。山前为灰漠土砾质荒漠,周围是绿洲和沙漠,典型的干旱区荒漠植被是以低矮的红砂和稀疏的泡泡刺群落为主,无乔木。

3.1.2.2　实验方法

沿观测场对角线设置 6 个 10 m×10 m 的样方作为土壤采样地,每个样方相距 20 m 以上,同时沿观测场对角线均匀设置 3 根中子管测量土壤含水量。测量的土壤含水量深度为 0～150 cm,其中以 0～40 cm 的土壤含水量为浅层土壤含水量,40～90 cm 为中间层土壤含水量,90～150 cm 为深层土壤含水量。从封育第一年开始,每 5 a 测量一次土壤颗粒组成和容重。封育期 10 a 间每年 8 月对群落进行调查,选择为封育样方作为空白对照(CK),沿观测场设置 1 个长 100 m、宽 10 m 的样带,在每条样线每 10 m 等距设置 10 个样点,样地共 10 个样方,每样方大小 10 m×10m,人工查数物种株数,钢卷尺测量每一株植株高度。因植株数量较少,用彩色纤维绳将样方 4 等分后查数各植物种株数;在样方内随机选取 10 株测量高度,计算平均高度。如果样方里植被稀少不足 10 株时,需要全部量高度后平均。调查各样方内植物的生活型、群落结构各层种类、数量、高度等。

3.1.2.3　数据处理

(1)重要值

$$IV_s = (相对密度+相对高度+相对频度)/3 \qquad (3.1)$$

式中,相对密度=(某一物种在样方内的密度/样方内全部种的密度之和)×100%;相对高度=(某一物种在样方内的植株高度/样方内全部种植株高度之和)×100%;相对频度=(某一物种在样方内的频度/样方内全部物种的频度之和)×100%。

(2)多样性

$$Margalef 丰富度指数(Ma) = (S-1)\ln N \qquad (3.2)$$

式中,S 表示样方内的物种数;N 表示样方内所有物种总个数。

$$香农-威纳(Shannon-Wiener)多样性指数 (H) = -\sum_{i=1}^{s} P_i \ln P_i \qquad (3.3)$$

式中，P_i 表示第 i 种的个体数 n_i/样方内物种个体总数 n，即 $P_i = n_i/n$；$i = 1,2,3,\cdots$

$$物种均匀度指数 Pielou 指数(E) = H/\ln(S) \qquad (3.4)$$

3.1.3 结果分析

3.1.3.1 封育后植物群落物种组成及优势种变化

植物群落中物种的数量、高度、植被密度随着封育年限呈增加趋势，群落由简单到复杂的演变过程（表 3.1）。植物群落根据生活型划分成灌木层和草本层 2 个不同层次，共有 6 科 9 属 9 种，其中灌木植物有 2 科 2 属 2 种，占群落总种数的 22.2%，草本植物有 5 科 7 属 7 种，占总种数的 77.8%，蒺藜科、藜科植物在植被种起到了重要作用，占所有草本植物的 55.6%。本研究共记录物种 9 种，隶属于 6 科 9 属（表 3.1）。草本植物 7 种，隶属于 5 科 7 属；其中蒺藜科（Zygophyllaceae，3 种）丰富度最高；其次藜科（Chenopodiaceae，2 种）。封育前期植物所属单科数量变化为蒺藜科＞柽柳科＞藜科＞菊科＞百合科；封育中期群落物种丰富度下降，藜科出现频率下降，菊科频率增加；封育后期藜科出现频率上升，菊科频率下降，禾本科在次阶段侵入（图 3.1）。

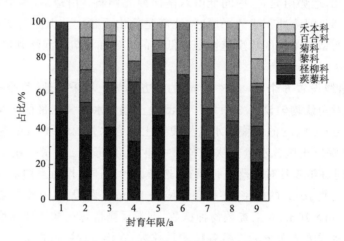

图 3.1　植物各科占总科数的百分比

灌木层以红砂、泡泡刺为主，从封育第二年开始以红砂为主要优势种，草本层封育前期主要以碱蓬为优势种，重要值分别为 0.171、0.262，密度分别为 0.11/m²、0.13/m²；封育中期主要以猪毛蒿为优势种，封育 6 a 猪毛蒿重要值为 0.346，密度为 0.24/m²；封育后期以猪毛蒿、白茎盐生草为优势种，封育 7 a 猪毛蒿重要值为 0.276，密度为 0.43/m²，到后期逐年减少，封育第 9 年白茎盐生草重要值为 0.356，密度为 1.48/m²，但多年生草本蝎虎霸王、小画眉草在这一阶段入侵，小画眉草密度为 0.83/m²，且多年生草本甘肃驼蹄瓣在这一阶段密度增加至 0.17/m²，植物群落逐渐稳定（表 3.1）。灌木层密度和草本层密度在封育后期显著增加，植被群落发育的过程是一个一年生草本、多年生草本植物陆续入侵、种类数量逐渐丰富的过程。

表 3.1　不同年限植物群落重要值

物种名	生活型	CK h	CK D	CK IVs	封育前期 1 h	1 D	1 IVs	2 h	2 D	2 IVs	3 h	3 D	3 IVs	封育中期 4 h	4 D	4 IVs	5 h	5 D	5 IVs	6 h	6 D	6 IVs	封育后期 7 h	7 D	7 IVs	8 h	8 D	8 IVs	9 h	9 D	9 IVs
泡泡刺	S	21.3	0.056	89.9	12.6	0.04	64.9	15.3	0.08	19.2	27.7	0.06	24.2	28.2	0.10	30.5	24.6	0.09	33.5	18.1	0.13	32.2	26.7	0.11	17.5	22.5	0.09	16.3	27.5	0.12	15.2
红砂	S	18.25	0.018	10.1	20.5	0.02	52.0	14.7	0.17	29.3	20.3	0.15	39.0	20.7	0.25	51.5	20.6	0.25	58.9	13.6	0.16	36.1	20.6	0.41	29.3	19.0	0.47	40.0	21.7	0.45	21.6
甘肃驼蹄瓣	P	—			—			3.4	0.05	8.5	4.3	0.02	7.3	—			1.8	0.02	5.6	3.8	0.01	5.1	2.6	0.17	8.9	—			1.5	0.01	0.7
蒙古韭	P	—			—			8.5	0.04	9.3	16.3	0.04	15.1	9.5	0.03	10.1	12.1	0.05	15.4	—			11.6	0.05	8.1	11.6	0.04	8.0	16.8	0.04	8.1
蝎虎霸王	P	—			—			—			—			—			—			—			—			2.8	0.02	2.4	—		
碱蓬	A	—			—			3.7	0.11	17.1	9.4	0.13	26.1	23.9	0.18	27.4	—			—			4.8	0.21	11.9	7.3	0.03	4.6	5.0	0.03	3.6
白茎盐生草	A	—			—			—			22.4	0.05	17.5	—			—			4.2	0.24	34.6	7.0	0.15	14.2	—			7.8	1.48	35.6
猪毛蒿	A	—			—			15.3	0.12	22.5	—			—			15.2	0.08	17.7	12.4	0.24	34.6	15.8	0.43	27.6	13.7	0.23	20.2	15.5	0.01	5.7
小画眉草	A	—			—			—			—			—			—			—			—			—			6.7	0.83	21.0

	CK	1	2	3	4	5	6	7	8	9
群落密度	0.074	0.06	0.57	0.45	0.56	0.49	0.54	1.38	1.03	2.97
灌木层密度	0.074	0.06	0.25	0.21	0.35	0.34	0.29	0.52	0.56	0.57
草本层密度	—	—	0.32	0.24	0.21	0.15	0.25	0.86	0.47	1.4
灌木层植物种数	2	2	2	2	2	2	2	2	2	2
草本层植物种数	—	—	4	4	3	4	3	4	6	6
灌木层优势种	泡泡刺	泡泡刺	红砂	红砂	红砂	红砂	红砂-泡泡刺	红砂	红砂	红砂
草本层优势种	—	—	猪毛蒿	碱蓬	碱蓬	猪毛蒿	猪毛蒿	猪毛蒿	猪毛蒿	白茎盐生草

注：A 表示：一年生草本；P 表示：多年生草本；S 表示：灌木或半灌木；"—"表示封育当年并未出现该物种；IVs 表示：重要值/%；h 表示：物种高度/cm；D 表示：物种密度/m。

3.1.3.2 不同封育年限植物多样性变化

群落内物种组成简单,红砂-泡泡刺群落植物多样性随着封育年限的增加,前期-中期-后期呈先增加后减少再增加的趋势(图3.2)。前期群落丰富性和多样性呈显著增加趋势(图3.2a,b,c),封育第3年丰富性和多样性是封育最初的1.56倍和2.44倍,中期多样性指数呈显著下降趋势并出现最低值;后期丰富度指数和多样性指数呈显著增加趋势,且多年生以及一年生草本层植物多样性也显著增加,植物群落逐渐稳定。

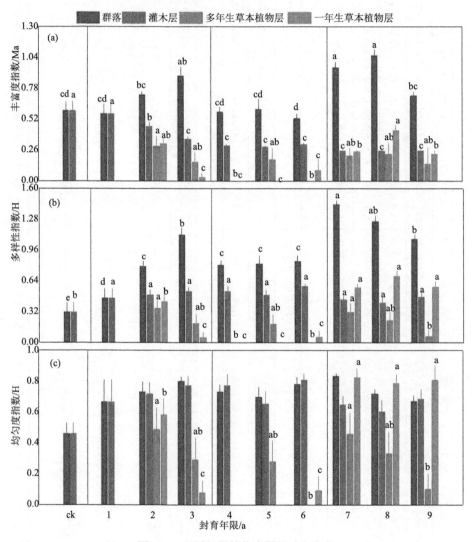

图 3.2 不同年限植物多样性动态变化

3.1.3.3 不同封育年限土壤含水量、土壤养分动态变化

随着封育年限的增加,红砂-泡泡刺群落土壤含水量呈先增加后减少的趋势(图3.3)。在封育中期土壤含水量从5.25%增加到7.74%,并且在封育第5年时达到最大值;在封育后期从7.74%减少到5.54%。土壤含水量随土壤深度的加深呈现的趋势为先上升后下降,0~40 cm土层内,土壤含水量呈明显增加趋势,在中间层40~100 cm含水量高于其他层,较深层90

～150 cm 土层内,土壤含水量逐渐趋于稳定且变化也小。总体而言,群落土壤含水量在研究期间增长缓慢;但在封育第 5 年和第 6 年,由于降水较多,出现了异常高的值。封育后期土壤含水量逐渐稳定,但仍高于封育前期。

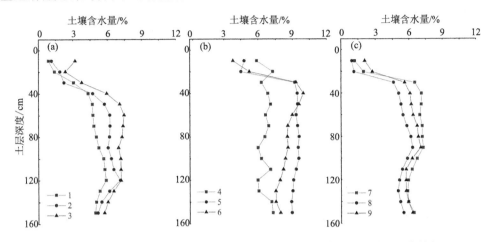

图 3.3 不同封育时期前期(a)、中期(b)与后期(c)土壤含水量动态变化特征

封育年限的延长,土壤有机质和全氮呈现出封育前期增加-中期减少-后期又增加的趋势(图 3.4a,b,c)。而有效磷、速效氮在封育中期达到最大值,封育第 4 年是封育第 9 年的 1.87、4.70 倍,呈现出先上升后下降的趋势,最后达到一种稳定状态的变化趋势(图 3.4d,e)。不同封育年限 pH 值呈先增加后减少的趋势(图 3.4f),在封育第 4 年出现最小值 7.61,封育后期逐渐稳定。同时,空间上,土壤养分含量表现出 10 cm 表层要高于 20 cm 次表层,呈现出明显的"表聚性"。

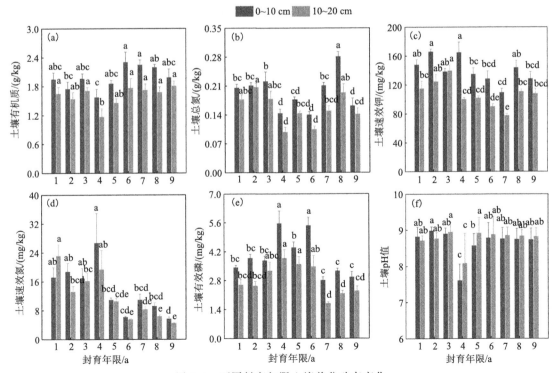

图 3.4 不同封育年限土壤养分动态变化

3.1.3.4　植物群落与环境因子的相关性分析

3.1.3.4.1　植物群落与土壤理化性质的冗余(RDA)分析

　　不同植物类群与环境因子存在显著的相关关系(图 3.5),不同植物类群与土壤、环境因子相关系数为轴 1,轴 1 特征值范围 74.5%~95.2%,轴 2 特征值范围为 4.6%~16.3%。从植物群落看(图 3.5a),植物群落多样性、丰富度、均匀度指数受土壤有机质、土壤全氮、土壤速效钾、土壤 pH 值影响,呈正相关关系,群落密度与土壤有机质呈正相关关系。从灌木层来看(图 3.5b),灌木多样性、均匀度指数受土壤速效氮、速效钾等土壤养分、土壤 pH 值和深层土壤含水量影响,呈正相关关系,灌木层丰富度指数、多样性指数与植物生长季温度、降水量呈正相关关系。从多年生草本层来看(图 3.5c),多年生草本层多样性、均匀度指数受土壤 pH 值、土壤全氮、土壤有机质影响,呈正相关关系;与生长季最大风速呈负相关关系。从一年生草本层来看(图 3.5d),从一年生草本层密度、多样性、丰富度、均匀度指数与土壤有机质、土壤全氮、pH 值呈正相关关系。

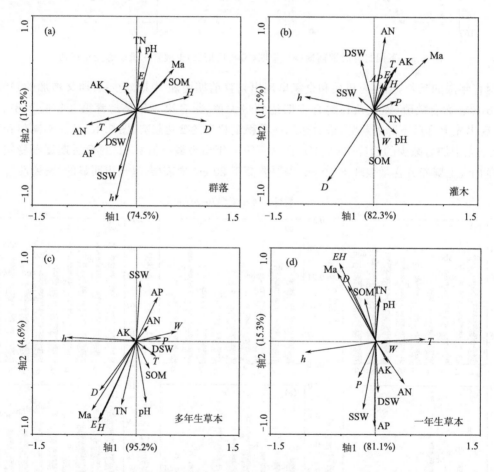

图 3.5　土壤环境因子、气象因子与植物群落的 RDA 约束排序分析图

注:AK 表示土壤速效钾;AN 表示土壤速效氮;AP 表示土壤有效磷;SOM 表示土壤有机质;DSW 表示深层土壤含水量;
SSW 表示浅层土壤含水量;pH 表示 pH 值;D 表示密度;h 表示高度;H 表示香农-威纳指数;E 表示均匀度指数;
Ma 表示丰富度指数;T 表示生长季均温;W 表示生长季最大风速;P 表示生长季降水量;TN 表示全氮

3.1.3.4.2　灌木保育作用

　　封育年限与灌木层和草本层植物群落特征(高度和密度)呈显著正相关关系(图 3.6)。灌木层高度与多年生草本高度和一年生草本密度呈显著正相关,灌木层密度与多年生草本高度和一年生草本密度呈显著正相关。灌木层植物密度的增加对多年生草本和一年生草本也有促进作用。所以说,当草本植物生长和演替,或草本植物物种增加时,灌木能起到促进植物种间的保育作用。灌木的这种保育作用直接促进了草本层的生长,这在干旱环境中经常发生,这是植物多样性增加的重要原因。

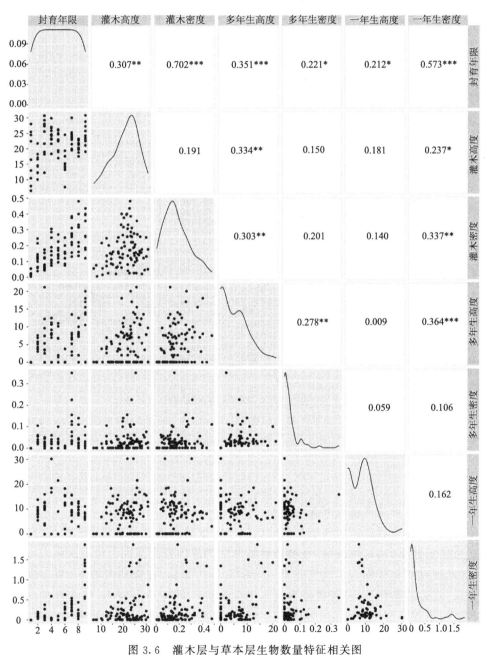

图 3.6　灌木层与草本层生物数量特征相关图

注:＊表示 $P<0.05$;＊＊表示 $P<0.01$;＊＊＊表示 $P<0.001$

3.1.3.4.3 群落植物多样性与群落密度关系

植物密度与物种数量之间存在正相关关系(图 3.7),植被密度越大,栖息地条件就会发生变化,导致地表粗糙度增大,这反映了植被密度对土壤风蚀的影响,从而改善土壤环境,使更多的植物种子存活生长,增加植物多样性。

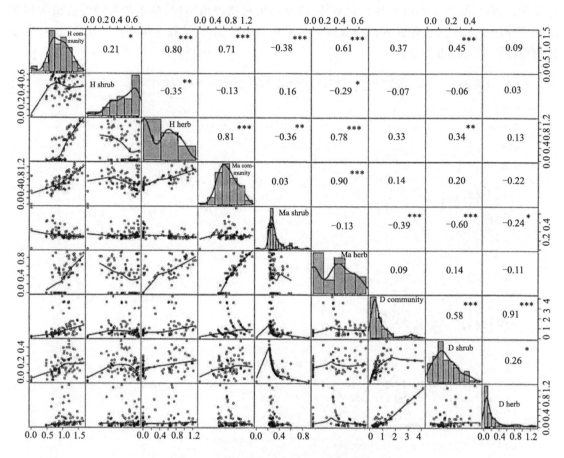

图 3.7 群落丰富度、多样性与群落密度的关系

注:H community、H shrub、H herb 分别代表群落、灌木层、草本层;Shannon-Wiener 为多样性指数;Ma community、Ma shrub、Ma herb 分别代表群落、灌木层、草本层;Margalef 丰富度指数;D community、D shrub、D herb 分别代表群落、灌木层、草本层密度

3.1.4 讨论

3.1.4.1 长期封育对荒漠植被群落的影响

本研究发现,封育后红砂代替泡泡刺成为灌木层优势种。这主要是由于相比较泡泡刺,红砂作为一种中等牧草,适口性较好,在植物种类非常匮乏的荒漠绿洲边缘地区中,易被羊、骆驼等啃食,因此红砂更易受到人类放牧或野生动物活动的影响,在自然封育下,消除放牧和野生动物干扰后,红砂逐渐恢复,并最终成为灌木层优势种。研究结果表明,实施封育措施可明显促进荒漠植被的多样性恢复。在封育后期,物种丰富度显著增加,且蝎虎霸王、白茎盐生草、小画眉草在此阶段开始侵入,而这些草本植物的侵入势必会影响到原有优势草本的生长,先前优势物种猪毛蒿重要值下降。到封育后期,侵入的物种增加,物种入侵仍然主要是一年生草本植

物,这说明荒漠植物群落恢复是一个缓慢而渐进的过程,目前封育区群落演替仍处于过渡阶段。

本研究发现,物种多样性指数与物种丰富度的变化趋势相同,物种数越多就意味着多样性指数越高,这与在浑善达克沙地(齐丹卉 等,2021)和内蒙古西部(杨崇曜 等,2017)的研究基本一致。物种多样性具有丰富性和均匀性两方面特征,丰富度指数和多样性指数是常用的多样性指数,研究区植物群落 Pielou 均匀度指数整体较高,较高的均匀度有利于维持群落结构的稳定性。植物多样性变化与植被演替特征紧密联系,物种多样性的动态变化能较好地反映群落演替的特点(彭浪 等,2022)。本研究发现,群落物种多样性随封育年限的增加并不是线性增加,而是呈现出在封育前期先上升,到封育中期多样性下降,到后期再有所上升的变化趋势。由于封育前期人类放牧活动减少,一年生草本植物物种多样性增加,尤其是猪毛蒿、碱蓬等得到较好的恢复,同时多年生草本植物也开始侵入,使得群落物种多样性得到提升;而封育中期,一年生草本层优势种猪毛蒿密度显著增加,由此产生的竞争排除作用导致一年生草本层物种多样性显著下降;封育后期群落土壤表层养分增加,土壤养分环境得到有效改善,并缓解草本层物种之间对土壤资源的竞争,一年生和多年生草本植物开始侵入,使得后期植物多样性明显上升。

本研究发现,封育促进了灌木密度增加,灌木对草本有保育作用。这是由于在荒漠生态系统中,受到风沙危害和侵蚀,只有极少数先锋草本植物能够生存和进行种子繁衍。但是,由于灌丛能够降低风速,拦截风沙,使局地小气候更适合植被生长(赵哈林 等,2006,2007),从而保护了灌丛下草本植物的生存和发育,使得后来入侵的草本植物也能在灌丛的保育作用下得以生长和繁衍(Francisco et al.,2000)。通常来说,在荒漠生态系统中,灌木层物种多样性要低于草本层物种丰富度,相似类群物种间对同一资源的竞争激烈,从而导致草本层物种系统发育结构和演替发展的异质性更为明显(董治宝 等,1996)。干旱荒漠生态系统植物群落发展过程,是植物对其栖息地环境中土壤养分变化的响应以及植被与土壤环境因子相互作用的适应过程。我们发现植物密度与物种数量之间呈正相关关系,这是因为植被密度的增加改变栖息地环境,导致表面粗糙度的增加,这反映了植被密度对土壤风蚀的影响,并改善土壤环境,更多的植物种子在这里生存生长,最终导致植物多样性的增加(图 3.8)。

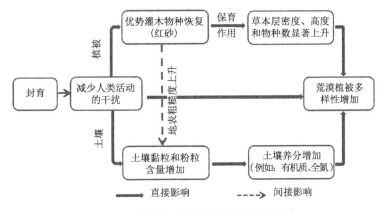

图 3.8　封育和植被多样性之间概念图

3.1.4.2 长期封育对土壤的影响

土壤水分和养分在植被生长和恢复过程中起着最关键作用,而植被的生长状况又是土壤质量或土壤健康状况的响应因素(柴成武 等,2020)。本研究发现,表层 0～40 cm 土壤水分含量较低,中层 40～120 cm 土壤水分含量变化明显,而且含水量明显高于表层,深层 120～150 cm 土壤含水量变化较小。这主要是由于荒漠生态系统表层土壤以砂粒为主,持水能力较弱,而中层土壤粉粒和黏粒沉积,土壤持水能力增强,同时随着土层深度的增加,蒸腾速率减弱,土壤含水量较高,并成为植物土壤水分的主要来源(鲁延芳 等,2021)。

本研究发现,土壤养分随着封育年限的增加不断在表层聚集,但随着土壤深度的增加集聚效应明显下降。这是由于封育后,灌木层和草本层植被得以恢复,保证了近地表免受风蚀(王湘 等,2022),而且细小颗粒物质在植被冠幅下得以沉积,这种过程不断继续,导致土壤表层黏粉颗粒不断增加,土壤养分不断积累,尤其是土壤有机质和全氮含量。但是,土壤有效养分含量表现出不同的变化趋势。这主要是由于速效养分的化学形态属于水溶状态,易于流动(杜峰 等,2007),随着植被的恢复,植物密度和盖度逐年增加,这会引起速效养分的大量消耗,从而造成速效养分较低。

本研究发现,多年生草本和一年生草本植物的多样性、密度与土壤有机质、土壤全氮、土壤pH 值影响较大,随着封育年限增加,土壤养分状况得到改善,使得土壤有机质、土壤全氮含量增加,植物生存环境改善,从此有利于促进地表草本植物生存,这对干旱区荒漠生态系统物种多样性恢复有重要意义。本研究发现在多年生草本层中,丰富度指数、多样性指数、密度随着风速的增大反而减小,这说明一些干旱植被例如黎科、蒿属草本种子的不适宜在强降水和高风速的生境中传播,荒漠绿洲过渡带土壤养分与植物生长季最大风速呈负相关关系(徐满厚 等,2012),土壤养分因子进而影响植物生长和发育。灌木层多样性与土壤存在显著正相关关系,其中,受土壤水分和养分影响,灌木根系较长、扎根比草本植物深,深层土壤含水量对灌木层的发展起着重要作用,土壤含水量大多依靠降水来调节,以此来促进群落发育,而土壤速效钾、有效磷能够促进灌木根系的形成和生长。

3.2 长期封育下红砂-泡泡刺群落种群生态位研究

3.2.1 研究内容

研究群落中物种的生态位,通过计算物种生态位宽度和生态位重叠,通过物种排序图能够知道物种在群落中的地位,明确物种对生境资源利用程度及其对环境的适应能力,揭示群落主要物种之间的共生和竞争关系以及它们之间相互作用机理,为荒漠绿洲边缘植被恢复提供科学依据。

3.2.2 方法与处理

3.2.2.1 研究区概况

研究区位于甘肃省临泽县平川镇,在中国科学院生态系统研究网络临泽内陆河流域综合研究站(39°21′N,100°07′E,海拔 1367 m)进行采样。气候属于温带大陆性荒漠气候,这里光照充足,云量少,气温日较差大,年平均日较差 14 ℃,年平均日照时数为 3052.9 h。年均无霜期 176 d。年均降水量 118.4 mm,蒸发量 1830.4 mm。常年以西北风和东风为主,年平均风速 3.2 m/s,最大风速 21 m/s。海拔在 1380~2278 m(王文祥 等,2021),研究区地层中的岩石主要由石膏、长石、石英、白云石、方解石等矿物组成,且其中含有大量的可溶性矿物,如石膏、盐岩等。土壤主要是灰褐色的沙漠土和风沙土,由于强风活动,土壤颗粒粗大,以沙土为主,养分和土壤湿度较差。

3.2.2.2　实验方法

沿观测场对角线设置 6 个 10 m×10 m 的样方作为土壤采样地,每个样方相距 20 m 以上,同时沿观测场对角线均匀设置 3 根中子管测量土壤含水量,进行土壤养分测定。封育期 10 a 间每年 8 月对群落进行调查,选择为封育样方作为空白对照(CK),沿观测场设置 1 个长 100 m、宽 10 m 的样带,在每条样线每 10 m 等距设置 10 个样点,样地共 10 个样方,每样方大小 10 m×10 m,人工查数物种株数,钢卷尺测量每一株植株高度。因植株数量较少,用彩色纤维绳将样方 4 等分后查数各植物种株数;在样方内随机选取 10 株测量高度,计算平均高度,如果样方里植被稀少不足 10 株时,需要全部量高度后平均。调查各样方内植物的生活型、群落结构各层种类、数量、高度等。

3.2.2.3　数据处理

(1)生态位宽度是物种利用不同环境资源的表现,采用生态位宽度(B_i)表示,生态位的计算如下:

$$B_i = \frac{1}{\sum_j^r (n_{ij}/N_i)^2} \tag{3.5}$$

式中,n_{ij} 是物种 i 利用资源状态 j 的数量(在本文中用物种 i 在第 j 个样方的重要值来代表利用状况),N_i 为物种 i 的总数(全部样方物种 i 的重要值和),r 表示样方数。生态位宽度越大,说明物种在相同生境中利用的资源的优势越强,竞争力也就越强。

(2)生态位总宽度(TB)计算公式如下:

$$TB = \sqrt{\sum_{i=1}^r B_i^2} \tag{3.6}$$

式中,r 表示样地的数量。

(3)生态位重叠值(NO)反映了不同物种同时使用同一资源的情况。本研究用 Pianka 生态位重叠表示。

$$NO = \sum_{j=1}^r (n_{ij} \times n_{kj}) / \sqrt{\sum_{j=1}^r n_{ij}^2 \times \sum_{j=1}^r n_{kj}^2} \tag{3.7}$$

式中,NO 为生态位重叠值,n_{ij} 和 n_{kj} 为物种 i 和物种 k 在资源 j 上的重要值,该方程的范围为 [0,1]。

3.2.3　结果分析

3.2.3.1　种群生态位变化特征

表 3.2 表明,不同封育年限物种群生态位总宽度最大的分别为:泡泡刺(26.87)>红砂(26.41)>猪毛蒿(16.66)>蒙古韭(14.98)>白茎盐生草(14.76)>甘肃驼蹄瓣(14.05)>碱

蓬(12.07)＞小画眉草(7.98)＞蝎虎霸王(5.81)。不同封育年限，前期草本生态位宽度最大的
是多年生草本甘肃驼蹄瓣(9.31)，一年生草本猪毛蒿生态位宽度也较大为8.14；封育中期，封
育第4年草本生态位宽度最大的是多年生草本植物蒙古韭(6.26)到封育第6年生态位宽度最
大的是一年生草本猪毛蒿(6.96)；封育后期，草本生态位宽度7 a最大的是一年生草本植物猪
毛蒿(9.38)，但在逐年减小，到第9年草本生态位宽度最大的是一年生草本白茎盐生草
(8.95)。

在不同封育年限，植物群落生态位宽度与物种的重要性之间的相关性显示(图3.9)，重要
值与生态位宽度之间存在显著的正相关，重要值越高一般表明生态位宽度越大，利用资源和适
应环境能力越强。

表 3.2 不同封育年限下群落生态位宽度

物种名	科属	生活性	CK	封育前期			封育中期			封育后期			生态位总宽度
				1	2	3	4	5	6	7	8	9	
泡泡刺	蒺藜科白刺属	S	10.66	8.23	8.59	9.30	9.40	8.72	8.43	8.62	9.46	9.75	28.91
红砂	柽柳科红砂属	S	1.86	7.02	8.89	9.14	9.31	9.22	7.90	9.61	9.25	8.58	26.50
甘肃驼蹄瓣	蒺藜科驼蹄瓣属	P	—	9.31	6.13	—	4.52	1.00	7.13	—	1.00	14.05
蒙古韭	百合科葱属	P	—	5.49	3.73	6.26	3.48	—	6.34	6.47	6.84	14.98
蝎虎霸王	蒺藜科骆驼蹄板属	P	—	—	—	—	—	—	—	5.81	—	5.81
碱蓬	藜科碱蓬属	A	—	7.54	7.36	3.21	—	—	—	4.84	1.00	12.07
猪毛蒿	菊科蒿属	A	—	8.14	1.00	—	2.98	6.96	9.38	8.01	1.00	16.66
白茎盐生草	藜科盐生草属	A	—	—	—	—	—	—	8.32	8.28	8.95	14.76
小画眉草	禾本科画眉草属	A	—	—	—	—	—	—	—	—	7.98	7.98

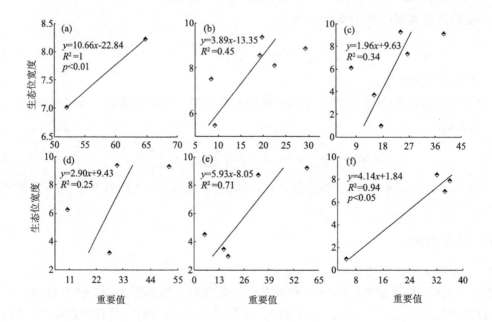

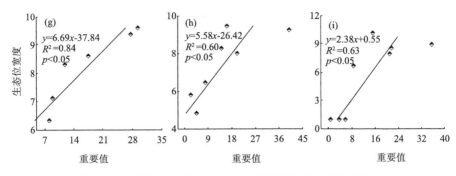

图 3.9　不同封育年限下物种生态位宽度与重要值相关关系

(a)—(i)代表封育第 1 年至第 9 年

3.2.3.2　种群生态位重叠值及其排序

不同封育年限植物群落生态重叠存在显著变化,其中灌木生态位重叠指数是红砂>泡泡刺,前期草本平均生态位重叠指数最高的是一年生草本植物猪毛蒿(0.353);封育中期草本生态位重叠指数最大的是一年生草本植物碱蓬(0.304)和猪毛蒿(0.304);封育后期草本生态位重叠指数最大的是一年生草本植物白茎盐生草(0.406)和小画眉草(0.303)。从封育中期到后期,多年生草本甘肃驼蹄瓣、蒙古韭的生态位重叠指数也呈上升趋势,前期和中期生态位重叠指数较大的碱蓬和猪毛蒿却明显减少,后期新入侵的白茎盐生草生态位重叠指数较高(表 3.3)。

在封育期间,生态位宽度最大的两个物种红砂与泡泡刺一直有较高的生态位重叠,重叠值为 0.035~0.206,且红砂和泡泡刺与其他物种间具有相对较高的生态位重叠度[图 3.10(彩)];封育后期随着新物种的侵入,红砂泡泡刺之间的生态位重叠度下降,红砂与猪毛蒿重叠度,白茎盐生草与小画眉草重叠度上升。但从总体分布格局来看,研究区物种群落生态位重叠度指数普遍较低,物种间对生态资源优势的控制程度也较低。种间竞争较小,群落处于一个相对稳定的状态。

从不同封育年限红砂泡泡刺群落各物种生态位重叠系数物种系统聚类排序图来看(图 3.11),与各物种的重要值和生态位宽度对比可知,重要值较大和生态位较宽则分布在靠近中心位置,排序图周边的多为重要值较小的种。在封育前期泡泡刺,碱蓬分布在靠近中心位置,而甘肃驼蹄瓣则分布在序列图周边;在封育中期泡泡刺,红砂,猪毛蒿分布在靠近中心位置,而甘肃驼蹄瓣,蒙古韭则分布在序列图周边;在封育后期,封育第 7 年泡泡刺分布在靠近中心位置,而甘肃驼蹄瓣,蒙古韭则分布在序列图周边(图 3.11),封育第 8 年泡泡刺,白茎盐生草分布在靠近中心位置,而蝎虎霸王则分布在序列图周边(图 3.11),封育第 9 年红砂,小画眉草分布在靠近中心位置,而 S3 则分布在序列图周边(图 3.11),通常靠近排序图中心的物种往往在群落中竞争力较强。

表 3.3　不同封育年限植物群落各物种平均生态位重叠指数

物种名	科属	生活性	CK	封育前期			封育中期			封育后期		
				1	2	3	4	5	6	7	8	9
泡泡刺	蒺藜科白刺属	S	0.237	0.339	0.303	0.316	0.319	0.336	0.307	0.282	0.258	0.244
红砂	柽柳科红砂属	S	0.237	0.339	0.421	0.395	0.351	0.382	0.304	0.414	0.430	0.307

续表

物种名	科属	生活性	CK	封育前期			封育中期			封育后期		
				1	2	3	4	5	6	7	8	9
甘肃驼蹄瓣	蒺藜科驼蹄瓣属	P	—	—	0.159	0.126	—	0.082	0.070	0.164	—	0.106
蒙古韭	百合科葱属	P	—		0.180	0.238	0.138	0.212		0.155	0.142	0.146
蝎虎霸王	蒺藜科骆驼蹄板属	P	—							—	0.046	
碱蓬	藜科碱蓬属	A	—		0.270	0.321	0.304			—	0.089	0.060
猪毛蒿	菊科蒿属	A	—		0.353	0.301	—	0.261	0.304	0.392	0.292	0.011
白茎盐生草	藜科盐生草属	A	—							0.206	0.228	0.406
小画眉草	禾本科画眉草属	A	—									0.303

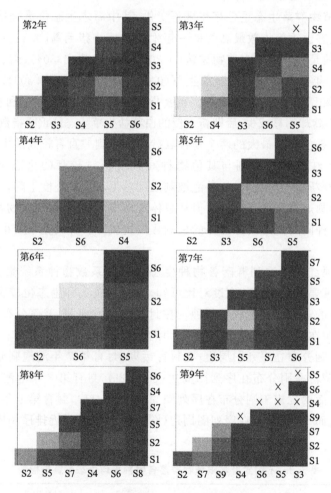

图 3.10(彩)　植物群落生态位重叠值(种号同表 3.3)

注:S1 为泡泡刺;S2 为红砂;S3 甘肃驼蹄瓣;S4 碱蓬;S5 为猪毛蒿;S6 为蒙古韭;S7 为白茎盐生草;S8 为蝎虎霸王;S9 为小画眉草。颜色变化:由蓝色到红色生态位重叠值逐渐增大

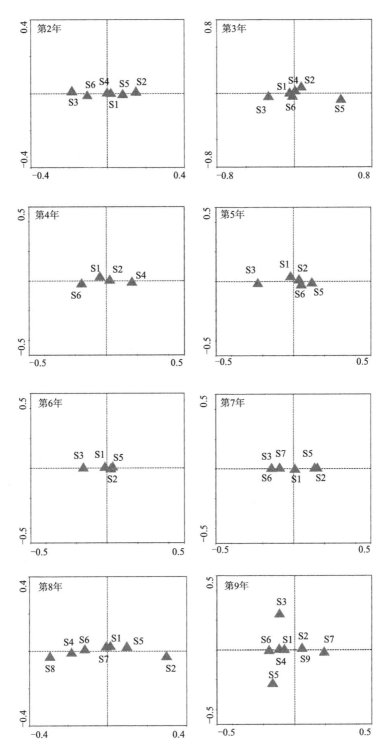

图 3.11　生态位重叠系数的物种系统聚类

注：S1 为泡泡刺；S2 为红砂；S3 为甘肃驼蹄瓣；S4 为碱蓬；S5 为猪毛蒿；
S6 为蒙古韭；S7 为白茎盐生草；S8 为蝎虎霸王；S9 为小画眉草

3.2.4 讨论

生态位宽度是种群对生境内资源的利用程度和对环境变化的适应能力的关键表达指标（汪志聪 等，2010；王辉 等，2012）。本研究发现，灌木层红砂和泡泡刺生态位宽度较大，表明在群落中，灌木在利用资源和适应荒漠干旱环境的能力上要优于群落中草本植物。同时，本研究还发现，封育前期（1～3 a）草本生态位宽度最大的是多年生草本植物甘肃驼蹄瓣，封育中期（4～6 a）生态位宽度最大的变为一年生草本猪毛蒿；封育后期（7～9 a），草本生态位宽度最大的是一年生草本植物猪毛蒿，但在封育第 9 年，草本生态位宽度最大的一年生草本变为白茎盐生草，这说明草本层植物生态位还处于过渡或变化时期。同时，本研究还发现，植物物种在群落中的重要值与生态位宽度之间存在正相关，即植物生态位宽度越大，其重要值越大，这表明在封育后期这些生态位宽度大的草本植物在群落演替中发挥着更为重要的作用。

生态位重叠能够反映植物物种间的竞争和环境资源的利用状况，生态位宽度与生态位重叠具有正相关关系，高生态位宽度，物种间也有较高的生态位重叠值，意味着物种生境适应能力也很强（牛慧慧 等，2019）。本研究发现，在天然封育植被演替过程中，红砂和泡泡刺生态位宽度高于其他种且与其他物种之间的生态位重叠普遍较高，但在封育后期随着新物种的侵入，红砂和泡泡刺之间的生态位重叠度下降，生态位重叠高值出现在那些生态位宽度较小的物种上。例如，在封育后期红砂与猪毛蒿、白茎盐生草重叠度，白茎盐生草与小画眉草重叠度较高。这一现象与张继义等（2003）在科尔沁沙地研究群落生态位重叠的结果相类似。一个原因是研究区植物生长资源有限，而这些物种对生境要求和资源的利用相似；另一个是研究区植物较少，分布不均匀，采样过程中优势物种空间分布较为集中，这就出现优势物种之间生态位重叠度高的结果。本研究还发现群落物种之间生态位重叠总体较低，对资源利用的相似性较小，这表明荒漠绿洲边缘红砂-泡泡刺群落植物生态位分化显著，在封育期间物种间竞争较小，处于相对稳定的状态。本研究通过不同封育年限红砂泡泡刺群落各物种生态位重叠系数物种系统聚类排序图发现，重要值较大和生态位较宽则分布在靠近中心位置，而排序图周边的多为重要值较小的种。这是因为在荒漠绿洲边缘植被群落区，环境因子制约群落发展，物种在有限资源的情况下要共同发展，物种间的生态位重叠反映了这种竞争关系（董雪 等，2020）。而且在封育第 9 年时，物种尤其是一些一年生草本较为集中在聚类图中部，例如碱蓬、白茎盐生草，这是因为到了封育后期，灌木红砂得到恢复，在红砂的保育作用下，一些"机会主义"的一年生草本的种子在灌木下能够生长和发育，使得这些草本植物在有限生境中利用资源的竞争较封育前期增加。由于不同物种之间生理和生长方面存在差异，这导致它们对资源的利用方式上也存在差异（赵永华 等，2004），这是荒漠绿洲边缘荒漠植被群落中物种能够共同生长繁殖，而且形成了相对稳定群落结构的原因。本研究发现，封育第 7 年主要植物种群的生态位重叠指数总平均值最大，到封育后期，生态位重叠指数总平均值相较于前期有所减小，这表明河西走廊荒漠绿洲边缘植被群落在实施封育后经过几年的恢复演替，物种之间通过竞争排除作用过程，产生了物种生态位分化，封育有利于种间共存和群落稳定（聂莹莹 等，2021）。

3.3　长期封育下红砂-泡泡刺群落种间关联与群落稳定性研究

3.3.1　研究内容

对群落物种进行种间关联和群落稳定性研究,对总体种间关联使用方差比率法计算,对于物种间关联用 2×2 列联表法,通过 χ^2 检验、联结系数(AC)、共同出现百分率(PC)、相似性指数(OI)分析等方法,揭示群落主要物种对环境的适应能力以及植被之间相互关系以及群落稳定性研究能够为群落结构优化以及植被恢复提供科学依据。

3.3.2　方法与处理

(1)种间关联

使用方差比率(VR)来评估物种间的总体关联程度,关联的显著性用统计量 w 来表示:

$$\mathrm{VR} = \frac{S_T}{\delta_T^2}$$

$$S_T^2 = \frac{1}{N}\sum_{j=1}^{N}(T_j - t)^2, \delta_T^2 = \sum_{i=1}^{S}P_i(1-P_i), \text{其中 } P_i = n_i/N \tag{3.8}$$

式中,n_i 表示研究区物种 i 出现的样地数;N 表示样地总数;S_T 表示总物种数;P 表示出现频数;T_j 为样地 j 内出现的物种总数;t 是所有样地中出现的物种平均数,即 $t = (t_1 + t_2 + t_3 + \cdots + t_N)/N$。如果 VR=1,群落中没有种间关联,物种呈独立状态;如果 VR>1,群落中存在正的种间联结;如果 VR<1,群落中存在负的种间联结。如果 VR 的 w 统计量在 $\chi_{0.05}^2, \chi_{0.95}^2$ 分布范围之外,则 VR 与 1 差异显著($P<0.05$),如果位于分布范围之内,则 VR 与 1 差异不显著($P>0.05$)。

种间联结关系采用 χ^2 统计量、联结系数(AC)、Ochiai 指数(OI)、共同出现百分率(PC)等方法计算。通过在物种对之间建立一个 2×2 的列表来计算 a、b、c 和 d 的数值。其中 a 是物种 A 和 B 都出现的样方数,b 是只有物种 B 而没有物种 A 的样方数,c 是只有物种 A 而没有物种 B 的样方数,d 是两个物种都没有出现的样方数。为确保分母不为零,b 和 d 的值被加权为 1,这样能获得更客观的结果(王伯荪 等,1985)。

$$\chi^2 = \frac{N\left[(|ad-bc|) - \frac{1}{2}N\right]^2}{(a+b)(c+d)(a+c)(b+d)} \tag{3.9}$$

式中,N 为总样方数。当 $ad>bc$ 时,群落种对之间是正联结关系;当 $ad<bc$ 时,群落种对之间是负联结关系。当 $\chi^2<3.841$ 时,说明群落种对之间联结不显著;当 $3.841<\chi^2<6.635$ 时,说明群落种对之间有一定的联结性,当 $\chi^2>6.635$ 时,说明群落种对之间联结显著。

联结系数(AC):

当 $ad \geq bc$ 时,$AC = (ad-bc)/[(a+b)(b+d)]$ \tag{3.10}

当 $bc>ad$ 且 $d \geq a$ 时,$AC = (ad-bc)/[(a+b)(a+c)]$ \tag{3.11}

当 $bc>ad$ 且 $d<a$ 时,$AC = (ad-bc)/[(b+d)(d+c)]$ \tag{3.12}

AC 值的范围是[−1,1],AC 值越接近 1 意味着物种之间的正向关系更强,接近−1 意味着负向关系更强,AC=0 意味着物种完全独立。

PC 值:

$$PC=a/(a+b+c) \tag{3.13}$$

PC 值的范围是[0,1],值越大越接近 1,就意味着正联结关系就越高,物种之间的生活习性和环境要求就越相似。

Ochiai 指数(OI)是衡量不同物种对之间共存概率和关联程度的一个更准确的指标,克服了因点关联系数值 d 的巨大影响而造成的偏差。

$$OI=a/\sqrt{\overline{(a+b)(a+c)}} \tag{3.14}$$

OI 值域为[0,1],OI 值越接近 1 意味着物种间的正联结性就越强;反之则越低。

(2)稳定性分析

①Godron 指数

按照改良之后的贡献定律法,首先根据频度大小对群落的优势物种进行排序,然后将排序结果转换为相对频度然后逐步累积相加;接着将样地中植物种类的顺序颠倒过来,进行累计总和;然后构建一个平滑散点曲线模型,横轴(x)为累积的植物种类倒数累计值,纵轴(y)为累积的相对频度;最后,沿着横坐标和纵坐标 100 画一条直线,它与曲线的交点就是群落的稳定系数。比值越接近(20,80),群落就越稳定(Godron et al.,1971)。

平滑曲线模拟方程: $y=ax^2+bx+c$ (3.15)

直线方程为: $y=100-x$ (3.16)

②模糊隶属函数法

为了用模糊隶属函数法评估群落稳定性,参与评估的所有土壤和植被指标的权重必须相等,所以首先用以下公式将原始数据归一化,所采用的公式如下:

$$X_{jk}^*=X_{jk}/X_{k\max}\times1000 \tag{3.17}$$

式中,X_{jk}^* 是 X_{jk} 的要转化的标准化值,X_{jk} 是第 j 项指标第 k 个评价因子的实际值,$X_{k\max}$ 是第 k 个评价因子的最大值。

应用模糊数学方法来评估群落的稳定性,采用公式:

$$U(X_{ijk})=(X_{ijk}-X_{k\min})/X_{k\max}-X_{k\min}) \tag{3.18}$$

式中,$U(X_{ijk})$ 为第 i 群落类型第 j 个组织层次第 k 项指标的隶属度,且 $U(X_{ijk})\in[0,1]$;X_{ijk} 为第 i 群落类型第 j 个组织层次第 k 个指标测定值;$X_{k\max}$ 和 $X_{k\min}$ 分别为群落中第 k 项指标的最大值和最小值。用各项指标隶属度的平均值作为评价红砂-泡泡刺群落稳定性大小的依据。模糊隶属函数评判要求每个参与指标的权重相同,因此本研究采用了标准化的方法(郭其强 等,2009)。

数据进行分析与统计利用 Excel 和 SPSS19.0 软件,用单因素方差分析土壤养分、植物物种多样性、群落密度等指标在不同封育年限之间的差异是否显著;用 Canoco4.5 软件进行植物群落多样性与土壤养分、含水量等环境因子之间的冗余分析和各物种生态位重叠指数的物种系统聚类排序图;运用 R 语言进行灌木层和草本层生物数量特征之间和物种多样性与密度之间相关性分析,用 Origin2018、coreIDRAW 软件进行绘图。

3.3.3 结果分析

3.3.3.1 种间总体关联性分析

基于方差比率 VR 及其检验结果(表 3.4),可以得出在未封育样地 VR 值为 1,群落内植被少,只有泡泡刺和零星红砂,物种总体无关联,呈独立分布。封育前期第 2、3、4 年样地中,VR 值小于 1,群落主要物种之间的总体关联为负关联;而封育中期第 5、6 年样地中所得 VR 值高于 1,分别为 1.66 和 1.11,主要物种间的总体关联为正关联;到了封育后期样地中,VR 值又小于 1,群落中主要物种间的整体关联为负关联,但都不显著,在封育中期群落有促进共生作用,但到了后期又转为负关联关系。

表 3.4 群落种间整体关联性分析

封育年限		方差比率(VR)	检验统计量(ω)	χ^2 临界值	检验结果
	CK	1	10	(3.94,18.307)	无关联
前期	1	1.167	11.67	(3.94,18.307)	正关联
	2	0.758	7.58	(3.94,18.307)	负关联
	3	0.907	9.07	(3.94,18.307)	负关联
中期	4	0.646	6.46	(3.94,18.307)	负关联
	5	1.66	16.6	(3.94,18.307)	正关联
	6	1.11	11.1	(3.94,18.307)	正关联
后期	7	0.8	8	(3.94,18.307)	负关联
	8	0.8	8	(3.94,18.307)	负关联
	9	0.417	4.17	(3.94,18.307)	负关联

3.3.3.2 成对种间关联性分析

本研究发现,荒漠植被群落物种间关联程度整体并不显著,种间关联松散,正关联的种对数大于负关联,群落相对稳定(图 3.12)。在封育期间物种间关联仍然以正关联为主,但到了封育后期群落中负关联种对的比例明显增加,其中封育前期第 3 年负关联种对为 2 对(碱蓬-蒙古韭、猪毛蒿-蒙古韭),占总对数的 13.3%;在封育后期,封育第 7 年负关联种对为 1 对(甘肃驼蹄瓣-白茎盐生草),封育第 8 年负关联种对为 2 对(碱蓬-蒙古韭、蒙古韭-蝎虎霸王),封育第 9 年负关联种对为 5 对(碱蓬-蒙古韭、碱蓬-猪毛蒿、碱蓬-甘肃驼蹄瓣、蒙古韭-猪毛蒿、猪毛蒿-甘肃驼蹄瓣),占总对数的 17.9%。由此说明封育后期入侵物种增加致使群落内部物种之间竞争关系加剧。

联结系数分析结果表明(图 3.12),总体看,随封育年限增加,AC≥0.3 的种对数所占比例降低,而 0≤AC<0.30 的种对数比重增加,种间联结性有所下降。封育第 2 年,AC≥0.3 的有 10 对,占物种总对数的 66.7%;封育第 3 年,AC≥0.3 的有 3 对,占物种总对数的 20%;封育第 4 年,AC≥0.3 的有 1 对,占物种总对数的 16.6%;封育第 5 年,AC≥0.3 的有 1 对,占物种总对数的 10%;封育第 6 年,AC≥0.3 的有 3 对,占物种总对数的 50%;封育第 7 年,AC≥0.3 的有 10 对,占物种总对数的 66.7%;封育第 8 年,AC≥0.3 的有 6 对,占物种总对数的 28.6%;封育第 9 年,AC≥0.3 的有 6 对,占物种总对数的 21.4%。

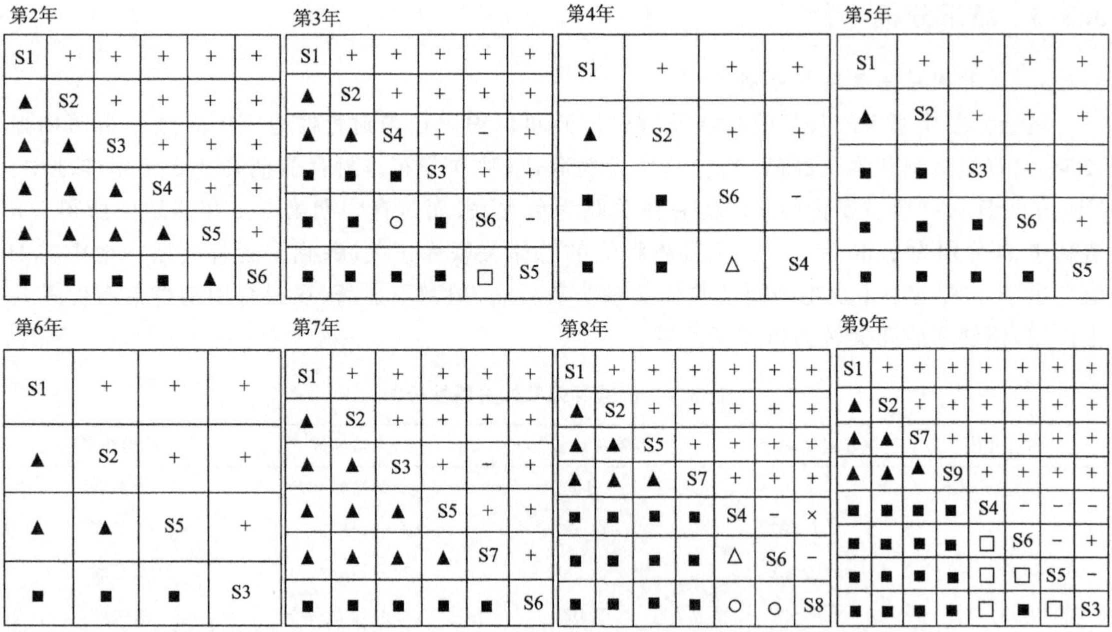

第2年

S1	+	+	+	+	+
▲	S2	+	+	+	+
▲	▲	S3	+	+	+
▲	▲	▲	S4	+	+
▲	▲	▲	▲	S5	+
■	■	■	■	■	S6

第3年

S1	+	+	+	+	+
▲	S2	+	+	+	+
▲	▲	S4	+	−	+
■	■	■	S3	+	+
▲	■	○	■	S6	−
■	■	■	■	□	S5

第4年

S1		+	+	+
▲		S2	+	+
■	■		S6	
■	■		△	S4

第5年

S1	+	+	+	+
▲	S2	+	+	+
■	■	S3	+	+
■	■		S6	+
■	■		■	S5

第6年

S1	+	+		+
▲	S2	+		+
▲	▲	S5		+
■	■	■		S3

第7年

S1	+	+	+	+	+
▲	S2	+	+	+	+
▲	▲	S3	+	−	+
▲	▲	▲	S5	+	+
▲	▲	▲	▲	S7	+
■	■	■	■	■	S6

第8年

S1	+	+	+	+	+	+
▲	S2	+	+	+	+	+
▲	▲	S5	+	+	+	+
▲	▲	▲	S7	+	+	−
■	■	■	■	S4	−	×
■	■	■	■	△	S6	−
■	■	■	■	○	○	S8

第9年

S1	+	+	+	+	+	+
▲	S2	+	+	+	+	+
▲	▲	S7	+	+	+	+
▲	▲	▲	S9	+	+	+
■	■	■	■	S4	−	−	−
■	■	■	□	S6	−	+
■	□	□	□	S5	−
■	■	■	■	□	S3

图左下部分为AC值，右上部分为χ²检验，其中：●AC≥0.5；▲0.30≤AC≤0.50；■0≤AC<0.30；○-0.30≤AC<0；△-0.5≤AC<-0.30；□AC<-0.50

图 3.12　2×2 列联表的 χ² 检验半矩阵图与 AC 联结半矩阵图

注：S1 为泡泡刺；S2 为红砂；S3 为甘肃驼蹄瓣；S4 为碱蓬；S5 为猪毛蒿；S6 为蒙古韭；
S7 为白茎盐生草；S8 为蝎虎霸王；S9 为小画眉草

Ochiai 指数分析结果表明(图 3.13)，封育第 2 年，猪毛蒿-蒙古韭关联性最弱；封育第 3 年，猪毛蒿与其他物种关联性弱，其中猪毛蒿-蒙古韭关联性最弱；封育第 4 年，碱蓬-蒙古韭关联性弱；封育第 5 年，猪毛蒿、蒙古韭与其他物种间关联性弱；封育第 6 年，甘肃驼蹄瓣与其他物种碱关联性弱；封育第 8 年，碱蓬-蒙古韭、碱蓬-蝎虎霸王、蒙古韭-蝎虎霸王关联性较弱；封育第 9 年，碱蓬-猪毛蒿、碱蓬-蒙古韭、碱蓬-甘肃驼蹄瓣、蒙古韭-猪毛蒿、蒙古韭-甘肃驼蹄瓣之间关联性较弱。

图 3.13 表明，PC 共同出现率与 Ochiai 指数检验结果基本一致，封育第 2 年，猪毛蒿-蒙古韭关联性最弱；封育第 3 年，猪毛蒿与其他物种关联性弱，其中猪毛蒿-蒙古韭关联性最弱；封育第 4 年，碱蓬-蒙古韭关联性弱；封育第 5 年，猪毛蒿、蒙古韭与其他物种间关联性弱；封育第 6 年，猪毛蒿、甘肃驼蹄瓣与其他物种碱关联性弱；封育第 8 年，碱蓬-蒙古韭、碱蓬-蝎虎霸王、蒙古韭-蝎虎霸王关联性较弱；封育第 9 年，碱蓬-猪毛蒿、碱蓬-蒙古韭、碱蓬-甘肃驼蹄瓣、蒙古韭-猪毛蒿、蒙古韭-甘肃驼蹄瓣之间关联性较弱。

3.3.3.3　群落稳定性分析

3.3.3.3.1　Godron 稳定性

根据 Godron 稳定性测定方法，模拟不同封育年限下群落的物种总累积数和相应的累积相对频度的平滑曲线图(图 3.14)。表 3.5 表明，不同封育年限群落模拟回归方程的 R^2 值都大于 0.994，均极显著相关($P<0.01$)，能够用该方程表达两者之间关系。不同封育年限与稳定点的距离分别是 38.89，28.5，33.15，32.26，30.79，39.60，36.63，25.78(表 3.5)，说明其群

第2年

S1	◆	◆	◆	◆	◆
●	S2	◆	◆	◆	◆
●	●	S3	◆	◆	◆
●	●	●	S4	◆	◆
●	●	●	●	S5	◆
●	●	●	●	▲	S6

第3年

S1	◆	◆	◆	▼	◇
●	S2	◆	◆	▼	◇
●	●	S4	◆	▼	◇
●	●	●	S3	▼	◇
▲	▲	▲	▲	S6	▽
○	○	○	○	△	S5

第4年

S1		◆	▼
●	S2	◆	▼
		S6	◇
▲	▲	○	S4

第5年

S1	◆	◆	▼	▼
●	S2	◆	▼	▼
●	●	S3	▼	▼
▲			S6	▼
▲	▲	▲	▲	S5

第6年

S1	◆	◆	◇
●	S2	◇	◇
●	●	S5	◇
○	○	○	S3

第7年

S1	◆	◆	◆	◆	◆
●	S2	◆	◆	◆	◆
●	●	S3	◆	◆	◆
●	●	●	S5	◆	◆
●	●	●	●	S7	◆
●	●	●	●	●	S6

第8年

S1	◆	◆	◆	◆	◆	◆
●	S2	◆	◆	◆	◆	◆
●	●	S5	◆	◆	◆	◆
●	●	●	S7	◆	◆	◆
●	●	●	●	S4	▼	▼
●	●	●	●	▲	S6	▼
●	●	●	●	▲	▲	S8

第9年

S1	◆	◆	◇	◆	◇	◇	◇
●	S2	◆	◇	◆	◇	◇	◇
●	●	S7	◇	◆	◇	◇	◇
●	●	●	S9	◇	◇	◇	◇
○	○	○	○	S4	▽	▽	▽
○	○	○	●	△	S6	▽	▽
○	○	○	○	△	△	S5	▽
○	○	○	○	△	○	△	S3

图左下部分为 OI 值,右上部分为 PC 值,其中:●OI≥0.70;▲0.50≤OI<0.70;○0.30≤OI<0.50;△OI<0.30;▼0.3≤PC<0.5;◇PC≥0.1;▽PC<0.1

图 3.13 荒漠绿洲边缘荒漠植被群落种间 PC 指数和 Ochiai 指数半矩阵图

注:S1 为泡泡刺;S2 为红砂;S3 为甘肃驼蹄瓣;S4 为碱蓬;S5 为猪毛蒿;S6 为蒙古韭;
S7 为白茎盐生草;S8 为蝎虎霸王;S9 为小画眉草

落稳定性为封育 9 a>封育 3 a>封育 6 a>封育 5 a>封育 4 a>封育 8 a>封育 2 a>封育 7 a;到封育最后一年时,其交点距稳定点距离的值(25.78)仍较大,整个群落仍然不稳定。

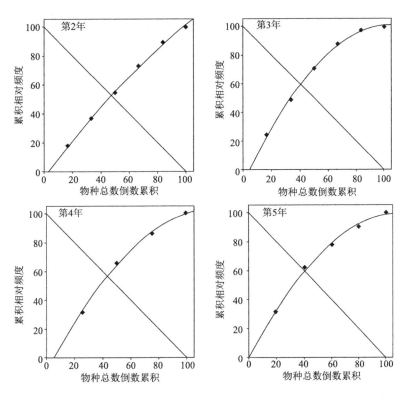

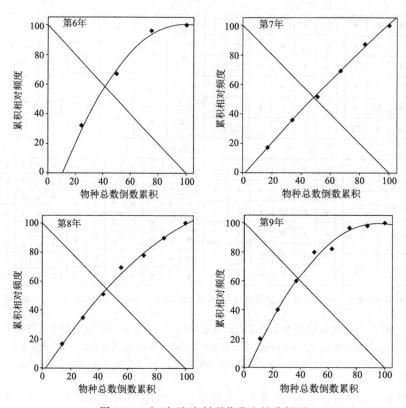

图 3.14 红砂-泡泡刺群落稳定性分析图

表 3.5 群落 Godron 稳定性分析

封育年限/a	回归曲线类型	P	交点坐标	交点到稳定点距离
2	$y = -0.003x^2 + 1.331x - 4$	<0.01	(47.5, 52.5)	38.89
3	$y = -0.010x^2 + 2.117x - 9.024$	<0.01	(40.15, 59.85)	28.50
4	$y = -0.008x^2 + 1.871x - 9.677$	<0.01	(43.44, 56.56)	33.15
5	$y = -0.008x^2 + 1.833x - 6.625$	0.006	(42.81, 57.19)	32.26
6	$y = -0.013x^2 + 2.549x - 25.251$	0.086	(41.77, 58.23)	30.79
7	$y = -0.001x^2 + 1.148x - 1.250$	<0.01	(48, 52)	39.60
8	$y = -0.005x^2 + 1.478x - 3.202$	<0.01	(45.9, 54.1)	36.63
9	$y = -0.011x^2 + 2.2x - 6.214$	<0.01	(38.23, 61.77)	25.78

3.3.3.3.2 模糊隶属函数法

模糊隶属函数法对数据进行标准化处理,因为评价中的每个指标的权重相等,需要消除每个评价因子的不同单位的影响。本研究将 9 个指标因子分为了三大类:土壤含水量和土壤质量、植物生长状况和多样性、Godron 指数对它们进行标准化处理,具体处理结果见表 3.6。

表 3.6 不同封育年限稳定性指标标准值

评价指标		1	2	3	4	5	6	7	8	9
土壤含水量和土壤质量	土壤含水量	194.63	259.09	323.97	1000.00	615.15	716.53	272.31	157.71	379.06
	土壤有机质	845.09	757.90	850.16	682.15	805.36	1000.00	975.74	951.48	860.22
	土壤全氮	729.54	748.51	785.30	510.07	628.72	498.22	749.11	1000.00	574.27
	平均值	589.75	588.50	653.14	730.74	683.08	738.25	665.72	703.06	604.52
植物生长状况和多样性	丰富度指数	497.20	1000.00	776.41	507.69	527.44	461.09	835.83	922.57	629.45
	多样性指数	317.38	1000.00	774.60	553.09	564.21	583.03	990.54	869.37	739.03
	均匀度指数	780.46	1000.00	943.20	858.79	820.13	918.77	981.53	847.55	789.14
	高度	391.83	713.72	870.58	820.04	707.34	552.27	1000.00	963.88	989.41
	密度	18.57	185.01	125.17	149.24	133.43	172.63	459.77	341.82	1000.00
	平均值	401.09	779.75	697.99	577.77	550.51	537.56	853.53	789.04	829.41
MGodron 指数	距稳定点距离	0.00	662.91	904.71	777.73	799.21	837.39	651.07	703.86	1000.00

表 3.7 不同封育年限 3 项综合稳定性指标的隶属度以及平均值

封育年限/a		土壤含水量和土壤质量	植物生长状况和多样性	Godron 指数	平均值	排序
前期	1	0.34	0.01	0.00	0.12	9
	2	0.29	0.74	0.66	0.56	5
	3	0.43	0.58	0.90	0.64	4
中期	4	0.34	0.33	0.78	0.48	8
	5	0.40	0.26	0.80	0.49	7
	6	0.55	0.29	0.84	0.56	6
后期	7	0.52	0.81	0.65	0.66	2
	8	0.62	0.65	0.70	0.66	1
	9	0.32	0.59	1.00	0.64	3

标准化处理 3 个指标 9 个因子的参数,计算红砂-泡泡刺群落在不同封育年限下稳定性评价指标的标准值或几个参评因子标准值的平均值,计算 3 个指标的隶属度,以隶属度平均值作为评判群落稳定性的总体标准。由表 3.7 可知,植物群落的稳定性隶属度介于 0.12~0.66 之间。封育第 7 年时稳定性最高,隶属度为 0.66,其次是第 8 年和第 9 年,隶属度为 0.66 和 0.64,封育第 1 年时稳定性最低,隶属度为 0.12。不同封育年限红砂-泡泡刺群落稳定性表现为:封育后期>封育前期>封育中期,封育后期时群落最稳定,隶属度平均值为 0.66、0.66、0.64,封育有利于群落演替及稳定性发展。

3.3.4 讨论

3.3.4.1 不同封育年限下群落物种种间关联分析

荒漠植物群落的物种组成、多样性与空间分布对环境因素的变化和干扰极其敏感(Verwijmeren et al.,2014)。研究区的物种组成和群落发展受到许多因素的影响,包括气候、植被、土壤营养物质和土壤水分,这些都是影响植物多样性和生态系统恢复的重要因素(汪殿蓓 等,2001),而且干扰和物种间的相互作用也是影响物种多样性的重要原因(刘晓琴 等,2016)。根据种间关系的理论,消极的种间关系通常表现为物种之间对类似生态资源的竞争,而积极的种间关系通常表现为属于不生活型或具有不同资源需求的物种之间的生态补偿(Yuan et al.,2018;龚容 等,2016)。本研究也发现,随着封育时间的延长,红砂-泡泡刺群落总体关联由负关联转向正关联最后再转向负关联关系,表明在封育中期缓解了对相同资源的竞争,但到后期竞争作用又加强。这是因为到封育后期蝎虎霸王、白茎盐生草、小画眉草等在此阶段侵入,群落结构及其物种组成不稳定导致在此阶段物种间处于竞争环境,物种总体种间关联为负关联。随着封育年限的延长,种对间正关联为主,向负关联比例增加转变,这可能由于封育使得土壤水分养分得到恢复,群落栖息地环境资源有所好转,天然荒漠群落中植被的生长和生理特性导致物种之间在有限的环境和空间资源之中竞争,但在荒漠绿洲边缘植被种类与生物量都较少,所以红砂-泡泡刺群落仍然处于稳定早期演替时期。

本研究发现,负关联表现在草本植物种间,这说明草本植物对微生境具有不同的生态适应性。χ^2 检验是根据物种有无数据来进行一种定性判断,因此会丢失种间的多种内容,它也无法分别物种间关联强度,不能准确检测种间的关联性差别,这使得样方内物种种对关联变得尤其重要(耿东梅 等,2022)。通过 χ^2 检验、AC 值、PC 值和 Ochiai 关联指数分析发现,群落物种对中大部分种对为中性关联,反映出过渡带大部分种对联结松散呈独立分布。同时,物种对之间相关性的 χ^2 检验并不显著,而且 AC、PC 和 Ochiai 值都很小,反映出弱相关性的物种之间关联程度也较低,差异性较小,具有很好的一致性。但该方程计算中使用的是物种存在或不存在的二元数据,这往往存在与样方内两个物种都不存在的情况下,会导致 P 值高(P 值,显著性检验值,$P<0.05$ 为有统计学差异,$P<0.01$ 为有显著统计学差异,$P<0.001$ 为有极其显著的统计学差异),特别是在物种多样性、物种种对和样本量都稀少的干旱荒漠地区,种间关联性指数的确定和效果总是受到影响(江沙沙 等,2018)。

3.3.4.2 不同封育年限下群落稳定性分析

植物群落稳定性是植物群落结构和功能的总体属性,是一个生态系统在一定范围内保持恒定状态或状态持续时间的能力,以及当外部条件发生变化时系统保持不变的能力(马洪婧 等,2013)。本研究采用 M-Godron 稳定性法,发现荒漠植物群落稳定性在不同封育年限与稳定点的距离分别是 38.89,28.5,33.15,32.26,30.79,39.60,36.63,25.78,到封育后期比封育初期接近模型的稳定点坐标(20,80),但与稳定点的距离仍有很大差异。因此,研究区最适宜的封育年限还需要通过进一步封育进行检测与确认。但在整个研究时间范围内看,封育有利于河西走廊荒漠绿洲边缘天然荒漠植被群落稳定性的维持。

对比 M-Godron 稳定性法与模糊隶属函数排序结果存在差异,这主要因为 M-Godron 稳定性法只关注群落植物的种类和频度,而模糊隶属函数排序法则需要综合考虑土壤因子、植被生长状况和 M-Godron 稳定性指数等多个因素。本研究发现,群落稳定性随群落植物多样性的变化而变化,在封育后期,群落植物丰富度显著增加的情况下,群落也较封育初期更加稳定。本研究中发现的天然荒漠植被群落的稳定性差,可能与群落处于演替的早期阶段有关,群落内的物种争夺水和其他资源,加剧竞争。荒漠绿洲边缘生境条件恶劣,该地区干旱少雨,土壤机械组成砂粒多,粉黏粒少,土壤蓄水能力差,水分和养分缺乏,为了共享稀缺的生长资源,植物倾向于聚集在适合其生长的局部区域,在这种生境中,植物利用资源方式相似,导致种内和种间竞争加剧,从而降低群落的稳定性(涂洪润 等,2022)。许多学者也认为,在某种特定情况下,多样性越大,群落的稳定性越高(王国宏,2002)。这可能是由于荒漠绿洲边缘生境恶劣而脆弱,围栏封育后大大降低人类放牧的干扰,增加了植被生长的空间,土壤养分的恢复也有利于植被生长,增加了物种丰富度和群落密度,有利于群落组成趋于稳定(李瑶 等,2013)。然而,许多研究表明,稳定性与多样性之间并不是单纯的线性相关,两者之间存在更为复杂的关系,植被多样性只是群落稳定性的其中一个标准,却是群落稳定性的必要条件(毕晓丽 等,2003)。

第4章 多年生梭梭群落土壤环境中水热盐运移规律

4.1 不同林龄梭梭土壤水热盐动态过程

据报道,全球有超过 1000 Mhm² 的土地受到盐碱化的影响(Ondrasek et al.,2020),随着全球气候变化和人类活动的持续影响,盐渍化土地面积呈扩大趋势(Jesus et al.,2015)。根据以往的研究,盐渍化过程与土壤水热盐动态密切相关。土壤水分是盐分运移的主要驱动力,也是决定盐分在土壤中分布的关键因素,同时盐对土壤结构的影响可能会改变水动力学(Chen et al.,2006)。土壤温度是在土壤冻融循环期间影响土壤水盐运动的主要驱动力(Wang et al.,2019b)。

河西走廊地处我国西北干旱半干旱地区,该地区的特点是降水量少、蒸发量高、风蚀严重,对气候变化敏感。预计该地区在未来 20 a 内将面临干旱和缺水的高风险(Xia et al.,2017)。在干旱地区,水分是制约植物生长的主要生态因子(Zhang et al.,2022),水文过程决定土壤-植被系统的演化方向和生态功能,它不仅在调节植物对土壤水分的利用方面,而且在生态系统的水分循环过程中扮演着重要角色,同时对地下土壤生态系统的碳氮磷循环与养分平衡等关键过程产生重要影响(Liu et al.,2020)。

梭梭是中国荒漠植被的优势物种,主要分布在新疆维吾尔自治区、内蒙古自治区、青海省和甘肃省(Liu et al.,2011)。由于其显著的抗旱性和在干旱地区的生存能力,梭梭被广泛用作河西走廊地区防止荒漠化的先锋物种(Zhou et al.,2016b)。随着梭梭年龄的增长,根系逐渐深入土壤剖面,其用水量从浅层土壤层切换到深层土壤层和地下水(Zhu et al.,2011;Wang et al.,2015a;Zhou et al.,2016a),且其中溶解了大量的盐离子(Wang et al.,2009)。此外,作为一种盐生植物,梭梭体内含有高水平的 Na 离子,以保持低根系水势,并通过渗透补偿减轻干旱对其生长的影响(Kang et al.,2013)。以往集中于对季节性或年际性研究虽然有助于了解土壤盐分的变化趋势,但无法详细描述土壤水盐动态,且很少有连续几年对不同林龄梭梭根区土壤水热盐时空变化的观察研究(Wang et al.,2017b;Zhou et al.,2016b;Yu et al.,2018)。

本章对 20 a、30 a 和 50 a 梭梭林下 0～200 cm 土壤水热盐进行超过 3 a 的(2018-08-11—2022-06-11)的连续观测将能揭示不同林龄梭梭的土壤水热盐动态过程及其耦合关系,以分析不同种植年限梭梭土壤水热盐的变化规律,阐明其水热盐耦合关系和关键过程。

4.1.1 材料与方法

4.1.1.1 研究区概况

本研究在甘肃河西走廊中部的中国科学院临泽内陆河流域研究站附近的一个梭梭种植园

中进行（38°57′—39°42′N，99°51′—100°30′E，海拔 1420 m），位于巴丹吉林沙漠南部边缘的典型沙漠绿洲交错带（图 4.1a）。该地区属于温带大陆性荒漠气候。年蒸发皿蒸发量为 2388 mm，而年平均降水量仅为 117 mm（1965—2012 年），年平均气温 7.6 ℃，高温和降水主要集中在 7—9 月（Yi et al.，2015）。本研究区地下水埋深较浅，主要分布在 3～5 m，且含盐量较高（表 4.1），土壤为沙质或沙质壤土，有机质含量低（Su et al.，2007；Wang et al.，2020b）。

图 4.1　不同林龄梭梭（20 a、30 a、50 a）试验样地

表 4.1　研究区地下水质量参数

离子	Ca^{2+}	K$^+$	Na$^+$	SO$_4^{2-}$	NO$_3^-$	Mg^{2+}	HCO$_3^-$	Cl$^-$
含量/(mg/L)	112.77	4.88	104.19	530.03	65.30	86.89	345.68	69.05

离子	PH	TDS	COD	TN	TP
含量/(mg/L)	7.38	1073.00	2.70	238.26	0.14

4.1.1.2　检测采样

2018 年 7 月中旬，在中国科学院临泽内陆河流域研究站附近的一个梭梭种植园中分别选择种植年限 20 a、30 a 和 50 a 的梭梭林定位样地，在土壤剖面 0～200 cm 内安装 5TE 土壤水分、温度、电导率传感器 Decagon（Decagon Devices，Inc.，Pullman，WA，USA）进行长期观测（图 4.1b），分别观测梭梭根区 0～40 cm、40～80 cm、80～120 cm、120～160 cm、160～200 cm 五个土层的土壤温度、含水率和电导率，数据每半小时采集一次（CR1000，Campbell Scientific，Inc.，Logan，UT，USA），然后对收集数据进行处理分析。另外，在 20 a、30 a 和

50 a 生的梭梭林,分别采集了 5 个土层的土壤样品(3 个林龄×5 个深度梯度)用于梭梭人工林土壤理化分析,试验点土壤理化性质见表 4.2。气象数据(例如,气温、降水量、蒸发量和太阳净辐射)获取自中国科学院西北生态环境资源研究院临泽内陆河流域研究站(图 4.2,图 4.3)。

表 4.2 不同林龄梭梭土壤剖面特征

林龄/a	土壤剖面/cm	土壤容重/(g/cm³)	土壤孔隙度/%	黏粒含量/%	粉粒含量/%	砂粒含量/%	土壤质地
	0~40	1.41	46.17	0.42	4.72	94.86	沙土
	40~80	1.45	45.28	0.64	5.84	93.52	沙土
20	80~120	1.46	45.27	0.89	5.35	93.76	沙土
	120~160	1.48	43.77	0.91	5.36	93.73	沙土
	160~200	1.54	43.75	0.97	6.12	92.91	沙土
	0~40	1.43	46.04	0.44	4.92	94.64	沙土
	40~80	1.44	45.29	0.74	5.33	93.93	沙土
30	80~120	1.48	44.15	0.91	5.32	93.77	沙土
	120~160	1.49	43.79	1.02	6.15	92.83	沙土
	160~200	1.57	44.11	0.94	5.43	93.63	沙土
	0~40	1.4	47.15	0.47	5.31	94.22	沙土
	40~80	1.42	46.42	0.59	5.36	94.05	沙土
50	80~120	1.45	44.91	0.96	5.42	93.62	沙土
	120~160	1.47	44.53	1.05	5.74	93.21	沙土
	160~200	1.33	49.81	9.32	45.81	44.87	壤土

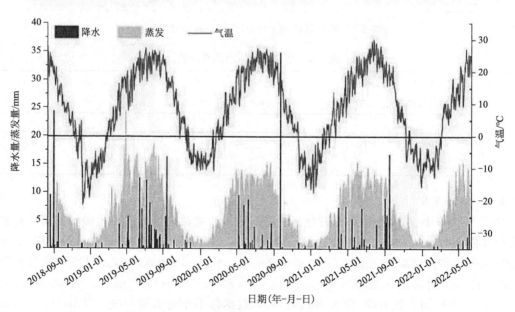

图 4.2 日平均气温、降水与蒸发图(2018 年 8 月 11 日—2022 年 6 月 11 日)

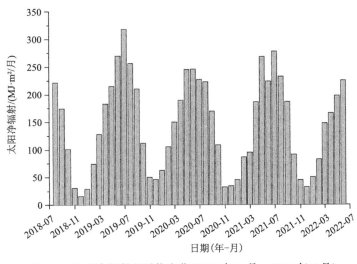

图 4.3　太阳净辐射月平均变化(2018 年 7 月—2022 年 7 月)

4.1.1.3　研究方法

通过对不同林龄梭梭土壤温度、水分和电导率动态变化的综合分析,根据气温持续低于 0 ℃、最大冻结深度和完全融化 3 个时间节点,将冻融期进一步划分为冻结期和融化期,0 ℃等温线深度由 0～120 cm 深度土壤温度的线性插值方法计算,作为冻融深度(Frauenfeld et al.,2004)。本研究区树木通常在 4 月下旬发芽,9 月下旬开始脱落叶子,沙漠中的植被生长期为 4—10 月。因此,我们将本研究分为三个时期:冻结期(11 月下旬—次年 1 月下旬)、融化期(1 月下旬—3 月上旬)和生长期(4—10 月)。

本研究以"空间"代替"时间"的方法来研究荒漠绿洲边缘不同林龄梭梭土壤水热盐动态过程及其耦合关系。用"空间"代替"时间"的方法通常被认为是监测和研究长期变化的可靠方法(Su et al.,2007)。本研究之所以采用这种方法,是因为 20 a、30 a 和 50 a 建立的一系列人工梭梭林在土壤、气候条件和土地利用历史相似的地点提供了时间序列的植被重建。此外,土壤体积电导率与含盐量呈显著相关,土壤电导率可以直接表征土壤含盐量(Rhoades et al.,1989)。

4.1.2　结果

4.1.2.1　不同林龄梭梭土壤温度、水分和盐分变化规律

土壤温度整体呈现出春夏季逐渐升高,秋冬季降低趋势,年际变化呈现出明显的正弦曲线模式(图 4.4a—c)。从 11 月下旬开始,随着气温低于 0 ℃,由地面开始向下冻结,在冻结期(11 月底—次年 1 月下旬),0～40 cm 处最先达到最低温(−10.93～−6.13 ℃,20 a;−11.28～−5.57 ℃,30 a;−10.69～−5.02 ℃,50 a),随着林龄和土壤深度的增加,气温对土壤温度的影响逐渐减弱,土壤温度最低值出现日期在总体上逐渐滞后于气温最低值日期,土壤剖面(0～200 cm)最低值逐渐升高(图 4.4,表 4.3)。在冻融期(1 月下旬—3 月上旬),不同林龄梭梭土壤剖面 0～120 cm 内出现不同程度的季节性冻土,受气温和梭梭林样地的影响冻融期和最大冻结深度会有不同,总体表现为随着林龄的增加,冻融期逐渐缩短,最大冻结深度逐渐减小。在生长期(4—10 月),土壤剖面土壤温度随气温显著升高,土壤温度在生长期表现为先增后减,在 7～8 月达到最高值。另外,随着土壤深度的增加,土壤温度逐渐降低且波动幅度变

小,最高值出现的日期逐渐推迟。土壤温度随着林龄和深度的增加,逐渐滞后于气温的变化。土壤温度从在冻结期间在深层中高于在浅层中变为在生长期在浅层中高于在深层中。

表 4.3　不同林龄梭梭冻融期土壤温度变化特征

要素	2018—2019 年	2019—2020 年	2020—2021 年	2021—2022 年
最低气温出现日期(月-日)	12-06	01-01	01-08	12-27
最低气温/℃	−21.28	−10.35	−17.35	−15.62
20 a 梭梭				
冻结期(月-日)	12-05—01-15	11-25—01-25	11-25—01-22	11-25—01-14
最大冻结深度/cm	109.43	98.08	112.94	103.7
融化期(月-日)	01-15—03-02	01-25—02-23	01-22—02-20	01-14—03-04
冻融期天数/d	89	92	89	101
40 cm 处土壤最低温度出现日期(月-日)	12-30	01-03	01-09	12-29
40 cm 处土壤最低温度/℃	−10.93	−6.13	−12.22	−7.93
80 cm 处土壤最低温度出现日期(月-日)	01-02	01-25	01-09	01-01
80 cm 处土壤最低温度/℃	−8.40	−3.48	−9.68	−5.62
120 cm 处土壤最低温度出现日期(月-日)	01-31	02-07	01-25	02-14
120 cm 处土壤最低温度/℃	2.15	3.807	1.498	2.72
160 cm 处土壤最低温度出现日期(月-日)	02-07	02-09	01-28	02-16
160 cm 处土壤最低温度/℃	4.398	5.8	4	4.8
200 cm 处土壤最低温度出现日期(月-日)	02-18	02-24	02-10	02-19
200 cm 处土壤最低温度/℃	6.211	7.396	6.083	6.519
30 a 梭梭				
冻结期(月-日)	12-06—01-27	11-25—02-01	11-26—01-11	11-24—02-11
最大冻结深度/cm	93.93	78.35	99.54	91.14
融化期(月-日)	01-27—02-26	02-01—02-21	01-11—02-21	02-11—03-03
冻融期天数/d	84	90	89	101
40 cm 处土壤最低温度出现日期(月-日)	12-30	01-02	01-09	12-29
40 cm 处土壤最低温度/℃	−8.44	−5.568	−11.28	−7.834
80 cm 处土壤最低温度出现日期(月-日)	01-11	02-02	01-10	01-05
80 cm 处土壤最低温度/℃	−2.30	0.20	−4.11	−1.75
120 cm 处土壤最低温度出现日期(月-日)	02-06	02-12	02-07	02-14
120 cm 处土壤最低温度/℃	3.88	5.53	3.31	3.75
160 cm 处土壤最低温度出现日期(月-日)	02-19	02-13	02-09	02-15
160 cm 处土壤最低温度/℃	4.80	6.30	4.17	4.62
200 cm 处土壤最低温度出现日期(月-日)	02-24	02-25	02-11	02-17

续表

要素	2018—2019 年	2019—2020 年	2020—2021 年	2021—2022 年
200 cm 处土壤最低温度/℃	5.7	7	5.2	5.6
50 a 梭梭				
冻结期(月-日)	12-05—01-08	12-01—01-29	11-26—01-13	12-01—02-13
最大冻结深度/cm	90.21	74.11	95.35	86.62
融化期(月-日)	01-08—02-25	01-29—02-21	01-13—02-19	02-13—03-01
冻融期天数/d	84	84	87	92
40 cm 处土壤最低温度出现日期(月-日)	01-01	01-03	01-09	12-31
40 cm 处土壤最低温度/℃	−9.78	−5.02	−10.69	−5.81
80 cm 处土壤最低温度出现日期(月-日)	01-06	02-03	01-12	01-15
80 cm 处土壤最低温度/℃	−2.20	0.70	−3.40	−1.00
120 cm 处土壤最低温度出现日期(月-日)	02-17	02-15	02-10	02-21
120 cm 处土壤最低温度/℃	5.05	6.38	4.46	4.95
160 cm 处土壤最低温度出现日期(月-日)	02-25	02-21	02-14	03-02
160 cm 处土壤最低温度/℃	6.20	7.40	5.70	5.91
200 cm 处土壤最低温度出现日期(月-日)	02-28	02-26	02-17	03-05
200 cm 处土壤最低温度/℃	6.82	7.90	6.40	6.60

在冻融期,土壤中的液态水的固结成冰,土壤水分和电导率含量显著低于生长期。在监测期内(2018 年 8 月 11 日—2022 年 6 月 11 日)梭梭林 0～200 cm 土壤水分和盐分总体表现为逐年增加趋势($P<0.05$),不同林龄梭梭(20 a、30 a 和 50 a)表现出不同的时空变化。本研究发现,随着梭梭林龄的增加,0～80 cm 内土壤水分逐渐减少,20 a、30 a 和 50 a 的水分(VWC)分别为$(6.167\pm0.478)\%$、$(5.070\pm0.419)\%$ 和 $(4.186\pm0.281)\%$;盐分却表现为先增加,后减少,土壤电导率(EC)值分别为(0.047 ± 0.006)dS/m、(0.055 ± 0.010)dS/m 和 (0.050 ± 0.018)dS/m。深层 160～200 cm 内土壤水分显著增加,20 a、30 a 和 50 a 的 VWC 分别为$(4.883\pm0.278)\%$、$(8.348\pm1.099)\%$ 和 $(12.610\pm0.234)\%$;盐分却表现为先增加,后减少,土壤电导率(EC)值分别为(0.006 ± 0.006)dS/m、(0.246 ± 0.156)dS/m 和 (0.057 ± 0.009)dS/m(图 4.4d—i)。随着林龄的增加,盐分集聚主要发生在深层 80～200 cm 内。此外,50 a 梭梭 120～160 cm 为水分和盐分的低值区域且土壤盐分总体低于 30 a 梭梭林地,可能与土壤质地有关。

20 a、30 a 和 50 a 梭梭林月平均土壤温度一般在 1—2 月达到最低值(平均值分别为−7.97～6.19 ℃、−7.16～5.30 ℃ 和 −7.03～6.48 ℃);最高值在 7—8 月(平均值分别在19.28～30.95 ℃、19.01～28.51 ℃ 和 17.72～26.88 ℃)。随着梭梭林龄和土壤深度的增加,各层中土壤温度的振幅逐渐降低,但没有显著差异性(图 4.5a—c)。0～80 cm 处土壤含水量波动性都较大,且与其他土层具有显著性差异($P<0.05$)(图 4.6d—f)。20 a 梭梭 0～80 cm处电导率波动较大且与其他土层具有显著性差异($P<0.05$)(图 4.5g),30 a 和 50 a 梭梭电导率在 160～200 cm 处均与其他土层具有显著性差异($P<0.05$)(图 4.5h,i)。

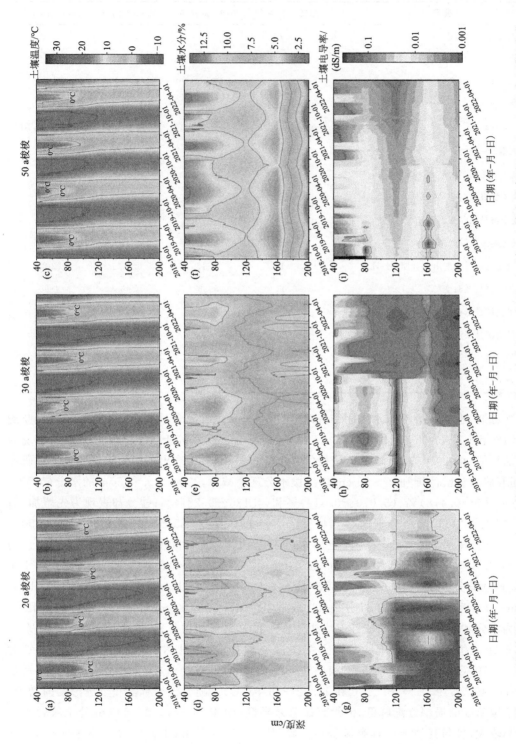

图 4.4　不同林龄梭梭（20 a、30 a、50 a）土壤温度（T）（a—c，℃）、水分（VWC）（d—f，%）、土壤电导率（EC）（g—i，dS/m）的日变化（2018 年 8 月 11 日—2022 年 6 月 11 日）。0 ℃ 曲线表示冻结层，冻结层之上土壤温度 ≤0 ℃，冻结层之下土壤温度 ≥0 ℃

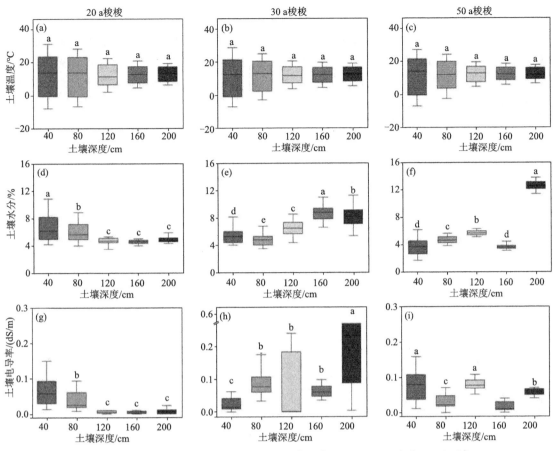

图 4.5　不同林龄梭梭(20 a、30 a、50 a)土壤温度（a—c，℃），水分(d—f，%)，
和电导率(g—i，dS/m) 箱图(2018 年 8 月 11 日—2022 年 6 月 11 日)

4.1.2.2　不同林龄梭梭土壤温度、水分和盐分变化过程

4.1.2.2.1　冻结过程

11 月下旬—次年 1 月下旬，季节性冻土层从地面向下的冻结深度在 0～120 cm 之间，土壤冻结速率先快后慢，呈波动变化。冻结层中未冻土壤水分和电导率随冻土厚度增加而波动降低，表现为"脱盐"过程，液态水变为固态水[图 4.6 a_1—a_4，c_1—c_4，e_1—e_4（彩）]。该时期 0～40 cm 土壤水分和电导率变化最为显著($P < 0.01$)，20 a、30 a 和 50 a 梭梭土壤水分减小速率分别为：(0.005～0.042)%/d、(0.005～0.013)%/d 和 (0.001～0.054)%/d($P < 0.01$)；同样，0～40 cm 深度的 EC 减小速率分别为 0.021～0.076 mS/(m·d)、0.007～0.012 mS/(m·d) 和 0.025～0.348 mS/(m·d)($P < 0.01$)[图 4.6 b_1—b_4，d_1，d_3，d_4，f_1—f_4（彩）]。在冻结后期土壤含水量和电导率稳定在一个较低值，20 a 和 30 a 梭梭冻结层内 0～40 cm 土壤水分和电导率基本保持在 4% 和 0.01 dS/m 左右，但 50 a 梭梭 40 cm 处土壤水分和电导率约为 2% 和 0.03 dS/m。

在冻结期，80～120 cm 土壤水分和电导率变化并不显著，但年际变化上表现为增加趋势(2018—2022 年)，估计主要是因为在生长期水盐积累的结果。此外，2019—2020 年的冻结深度都比较浅(74.11～98.08 cm)，脱盐速率较低，但 30 a 梭梭却表现为土壤电导率显著增加(0.002 mS/(m·d))($P < 0.01$)[图 4.6 d_2（彩）]。

4.1.2.2.2　融化过程

从 1 月下旬开始,气温逐渐回升,在地下融土层热流影响下冻土层由地下未冻层向地表缓慢融化,在 2 月下旬日平均气温>0 ℃后,冻土层由地表向下和地下向上同时快速融化。20 a 梭梭土壤这时期出现了双似冻层,持续时间为 3~9 d;30 a 和 50 a 梭梭快速融化时并未出现双

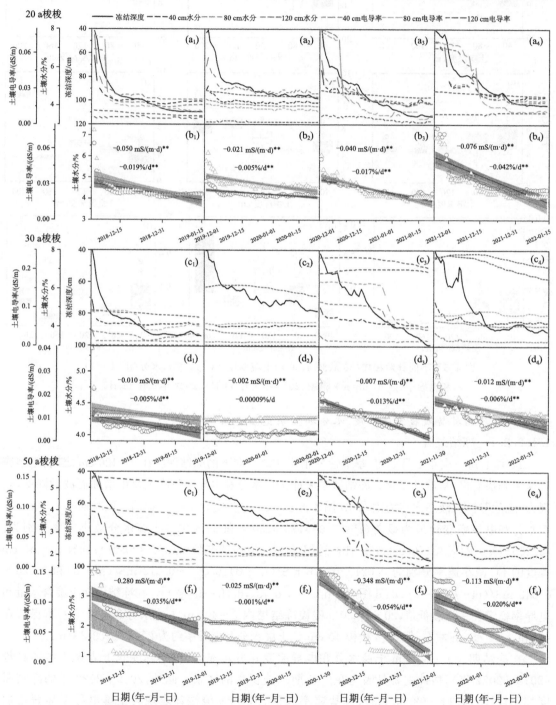

图 4.6(彩)　冻结期不同林龄梭梭(20 a、30 a、50 a)土壤水分和电导率变化。当冻结深度发生在 0~120 cm 时,下角标 1~4 分别表示 2018—2019 年、2019—2020 年、2020—2021 年、2021—2022 年的 4 个冻结期,在 40 cm 深度的土壤水分(圆圈)和土壤电导率(三角形)的线性变化率分别呈现在(b,d,f)中。
＊＊表示在 0.01 水平上显著相关(双尾)

似冻层,可能与不同林龄梭梭的土壤温度和土壤初始含水量有关。此外,2020 年融化期气温变化较大,导致融化期冻融波动较大。季节性冻土层内 0~80 cm 土壤水分和电导率随冻土的融化而波动性同步增加,表现为"积盐"过程(图 4.7a_1—a_4,c_1—c_4,e_1—e_4)。同时,0~40 cm 的水分和电导率呈现同步高频波动,且两者之间存在显著正相关($R > 0.90$,$P < 0.01$),水分和电导率总体表现为显著增加趋势($P < 0.01$)。20 a、30 a 和 50 a 梭梭土壤水分增加速率分别为:$(0.027 \sim 0.152)$%/d、$(0.005 \sim 0.039)$%/d 和 $(0.006 \sim 0.086)$%/d($P < 0.01$);同样,40 cm 深度的 EC 增加速率分别为 $(0.077 \sim 0.311)$ mS/(m·d)、$(0.028 \sim 0.088)$ mS/(m·d) 和 $(0.106 \sim 0.376)$ mS/(m·d)($P < 0.01$)(图 4.7b_1—b_4,d_1,d_3,d_4,f_1—f_4)。此外,2019—2020 年的冻结深度都比较浅($74.11 \sim 98.08$ cm),融化过程中"积盐"速率较低,但 30 a 梭梭却表现为土壤电导率显著减少(-0.030 mS/(m·d))($P < 0.01$)(图 4.7d_2)。相对于冻结期,融化期水分和盐分的变化速率要普遍更高,表明"积盐"速率大于"脱盐"速率。

此外,本研究发现,在冻融期内季节性冻土区域(0~120 cm)和非冻土区域(120~200 cm)水热盐有不同的变化。季节性冻土区域表现为在冻结期内水分和盐分随着温度的降低而降低,在融化期则表现为水分和盐分随着温度的增加而增加。非冻结区域由于温度传导的滞后性,在冻融期内土壤温度表现为持续下降,20 a 和 50 a 梭梭土壤水分随温度的降低而显著降低,土壤温度与水分表现为线性关系($P < 0.01$),但盐分变化不显著(图 4.8);30 a 梭梭土壤水分和盐分随温度的降低表现为先升后降,土壤温度与水分和盐分表现为二次函数模式($0.98 < R^2 \leqslant 0.99$,$T$ 和 VWC;$0.61 < R^2 < 0.99$,T 和 EC)(图 4.9)。

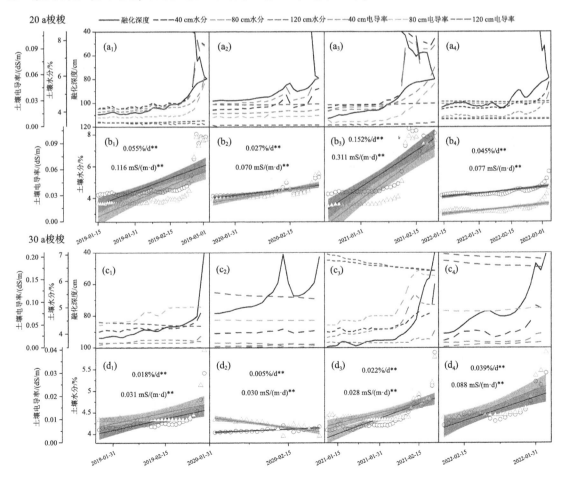

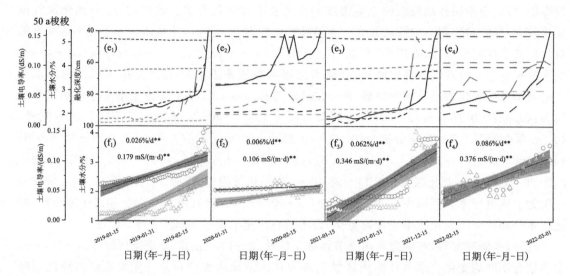

图 4.7　融化期不同林龄梭梭(20 a、30 a、50 a)土壤水分和电导率变化。当解冻深度发生在 0~120 cm 时，
下角标 1—4 分别表示 2018—2019 年、2019—2020 年、2020—2021 年、2021—2022 年的 4 个融化期，
在 40 cm 深度处的 VWC(圆圈)和 EC(三角形)的线性变化率呈现在(b,d,f)中。

＊＊表示在 0.01 水平上显著相关(双尾)

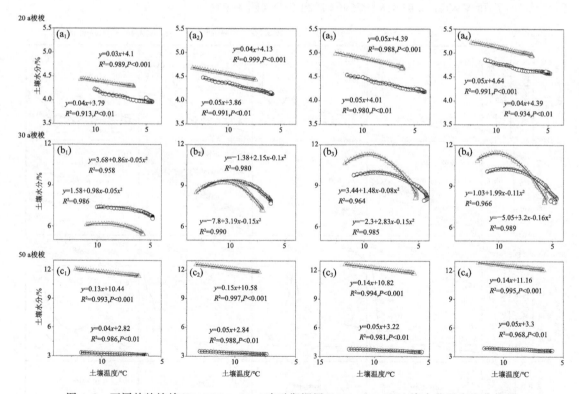

图 4.8　不同林龄梭梭(20 a、30 a、50 a)冻融期深层(120~200cm)土壤水分温度变化特征
圆圈和实线表示深度为 120~160 cm，三角形和实线表示深度为 160~200 cm，
下角标 1—4 分别表示 2018—2019 年、2019—2020 年、2020—2021 年和 2021—2022 年四个冻融期

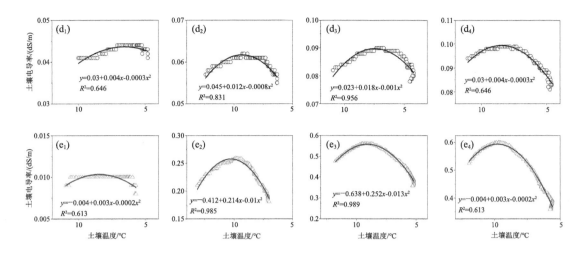

图 4.9　不同树龄梭梭(20 a、30 a、50 a)冻融期深层土壤盐分随温度变化特征。圆圈和实线
表示深度为 120~160cm,三角形和实线表示深度为 160~200 cm,下角标 1—4 分别
表示 2018—2019 年、2019—2020 年、2020—2021 年和 2021—2022 年四个冻融期

4.1.2.2.3　生长期内

在生长期内(4—10 月)土壤水分和盐分在浅层(0~80 cm)和深层(80~200 cm)表现出了不同的变化模式。浅层(0~80 cm)土壤水分和盐分的波动性较大,在生长期表现为反复"积盐-脱盐"[图 4.10(彩)]。随着林龄的增加,浅层(0~80 cm)土壤 VWC 逐渐减少,可能与生长期内气温、降水和蒸腾的综合影响有关。在 7—8 月,浅层(0~80 cm)土壤 VWC 和 EC 普遍降低或者处于最低值时期(2.5%~5%,VWC;<0.03 dS/m,EC),但在 9 月发生大降水事件(>10 mm)后浅层土壤盐分随水分在 1~2 d 内急剧升高后又快速降低,40~80 cm 土壤水盐含量变化随着林龄的增加波动幅度逐渐减小。

在生长期内,深层(80~200 cm)土壤水分总体保持稳定增加趋势,在 10 月略有降低。随着林龄的增加,深层 160~200 cm 内土壤水分显著增加[图 4.10 a_1—a_3, c_1—c_3, e_1—e_3(彩)];盐分集聚过程主要发生在深层(80~200 cm),不同林龄梭梭有不同的变化规律。在生长期内,20 a 梭梭深层土壤盐分含量最低[图 4.10 b_1—b_3(彩)],深层电导率增加了 0.004~0.008 dS/m;30 a 梭梭深层电导率增加了 0.022~0.214 dS /m,并且深层盐分含量最高[图 4.10 d_1—d_3(彩)];50 a 梭梭深层土壤电导率在生长期稳定增长[图 4.10 f_1—f_3(彩)],深层电导率增加了 0.01~0.012 dS/m。

此外,在 7—8 月,30 a 梭梭深层(80~200 cm)土壤电导率含量表现为显著上升,与浅层(0~80 cm)明显不同,80~120 cm 和 160~200 cm 的电导率分别快速增加了 0.063 dS/m 和 0.1 dS/m[图 4.10 d_1—d_3(彩)],盐分含量变化最为显著。相对于 30 a 梭梭,20 a 和 50 a 梭梭深层(80~200 cm)土壤盐分变化更为稳定[图 4.10 b_1—b_3, f_1—f_3(彩)]。

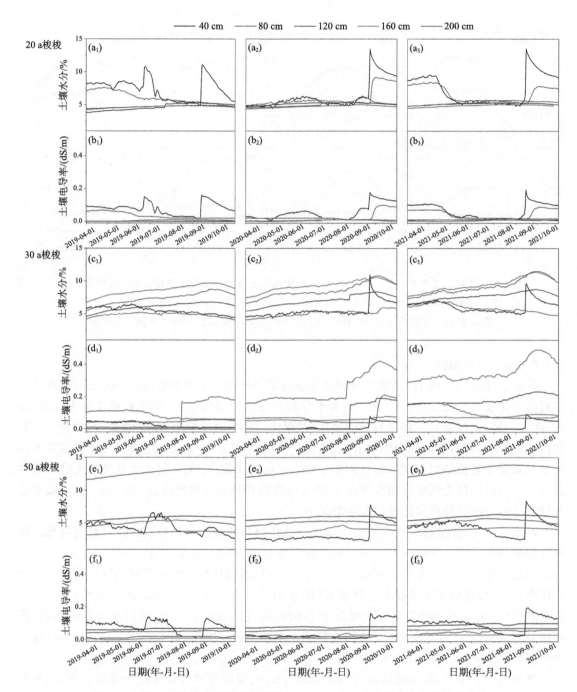

图 4.10(彩)　生长期内不同林龄梭梭(20 a、30 a、50 a)土壤水分和电导率变化

下角标 1—3 分别表示 2019 年、2020 年、2021 年的 3 个生长期

4.2　不同林龄梭梭土壤水热盐耦合关系

由土壤冻结引起的土壤水势的变化将土壤水盐从未冻结区域驱动到冻结前沿,导致土壤水盐分布的变化(Xue et al.,2017;Wang et al.,2022)。冻融条件下土壤水分的输运和冰水相变受温度梯度、土壤初始含水量、供水能力、土壤含盐量和土壤质地的影响(Zhang et al.,2001;Chen et al.,2006;Yi et al.,2014;Wang et al.,2019c;Sun et al.,2021)。在中国,目前关于冻融影响下的土壤水热盐研究大多集中在东北山区、内蒙古、黄土高原和青藏高原(Liu et al.,2017;Guo et al.,2018;Bo et al.,2021;Wang et al.,2022)。西北干旱区荒漠绿洲过渡带土壤水热盐变化规律与季节性冻融特征明显不同,因此,研究荒漠绿洲过渡带不同林龄梭梭土壤水热盐动态过程及其耦合关系具有重要意义。

大量研究表明,蒸散已经被认为是近地表土壤层和大气之间的水、溶质和热量流动的重要驱动力(Liu et al.,2019;Zhang et al.,2022)。蒸散对盐积累的影响更为复杂,因为它不仅受水饱和度的影响,而且还受土壤中的盐浓度和降水的影响(Nachshon et al.,2011)。同时,在荒漠生态系统中,植被对水文通量起到重要的调控作用,对浅层荒漠土和深层包气带区域有显著影响(Zhao et al.,2017)。然而,这些先前的研究仅限于单一季节,在短时间尺度上对不同景观进行了水热盐的研究。在本研究区域,水热盐的变化受到季节性冻融变化和长期干旱气候下土壤-植被-水文耦合与响应的综合影响。此外,对区域性的盐分积累、中长期变化趋势及其与影响因素之间关系的研究工作则相对较少。

本节对 20 a、30 a 和 50 a 梭梭林下 0～200 cm 土壤水热盐进行超过三年的连续观测将能揭示不同林龄梭梭的土壤水热盐动态过程及其耦合关系,以分析不同种植年限梭梭土壤水热盐的变化规律,阐明其水热盐耦合关系和关键过程。

4.2.1　讨论

4.2.1.1　不同林龄梭梭土壤水盐分布变化

本研究发现,随着梭梭林龄的增加,0～80 cm 内土壤水分逐渐减少;深层 160～200 cm 内土壤水分显著增加($P<0.05$)(图 4.4a—c,图 4.11)。这主要是由于随着梭梭林龄的增加,耗水量逐渐增加(Wang et al.,2015a;Zhou et al.,2016b),梭梭吸收根系分布在浅层 0～80 cm,同时,梭梭用水量从浅层土壤层切换到深层土壤层和地下水(Zhu et al.,2011;Wang et al.,2015b;Zhou et al.,2016b),将地下水中溶解的盐离子提升至深层土壤中(Wang et al.,2009),土壤中的含盐量增加。本研究还发现,随着梭梭林龄的增加,深层 160～200 cm 盐分表现为先增加后减少(图 4.4d—i)。尤其是在 50 a 梭梭林,深层 160～200 cm 处存在黏土层(表 4.2),此处土壤容重减小,孔隙度增加,土壤含水量最高,而 120～160 cm 处水分和盐分较低。Sun 等(2018)也发现同一研究地点存在黏土层,Gong 等(2005)也报道了冲积层或黄土状母质是该区域的主要成土母质。黏土层具有良好的保水和隔盐能力,黏化层的存在通过改变剖面中土壤水分状况和水盐运移过程(Sun et al.,2018),使得土壤水分和盐分的异质性(Feng et al.,2018)增加。土壤水盐分布主要与土壤质地和根系分布有关。

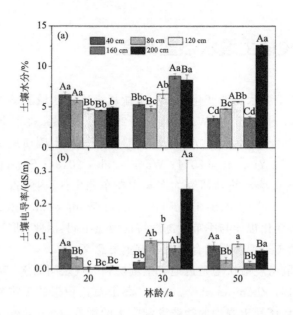

图 4.11　不同林龄梭梭 (20 a、30 a 和 50 a)不同层之间的土壤水分(VWC) (a，%)和盐分(EC)
(b，dS/m)变化。不同小写字母表示同一年龄梭梭不同土层之间存在显著差异($P<0.05$)；
大写字母表示同一土层不同年龄梭梭之间的存在显著差异($P<0.05$)

4.2.1.2　冻结过程中不同林龄梭梭土壤水盐运移机制

本研究发现，季节性冻土层内 0～80 cm 土壤水分和电导率随冻土厚度增加而波动降低
(图 4.6 a，c，e)，随着气温降低，表层的水盐逐渐被冻结在冻土壤中，冻结层中的含冰量增加，
形成 0 ℃以下的冻结锋(Zhang et al.，2023)。随着冻结层土壤水势的降低，产生了自由能梯
度，冻结锋之下的未冻结层所含的土壤水不断向冻结层运移(Zhao et al.，2000；Wang et al.，
2020b)。这也导致了土壤盐分随着水不断累积并沿着土壤中的通道向上移动(Xue et al.，
2017)。在土壤冻结过程中，土壤温度与水势梯度是驱动土壤水盐垂直运移的主要因素(Wang
et al.，2019b)。

本研究还发现，在冻结过程中(11 月下旬—次年 2 月初)，未冻结水和盐的运移主要受土
壤温度梯度的控制。随着冻结层土壤温度的降低，土壤水分和电导率随土壤温度绝对值(|T|)
呈非线性下降，水分和电导率分别服从幂函数和对数函数(图 4.12，图 4.13)。这是由于在冻
结峰接触面内未冻水含量和土壤未冻水盐迁移率均高于冻结土壤，土壤冻结导致土壤水从未
冻结区域移动到冻结前沿(Zhang et al.，2023a)，冻土中水盐含量的显著增加，反映出温度梯
度对盐渍土的水盐运移方向及其分布格局产生控制作用(Wang et al.，2019a)。此外，在冻结
初期，水盐的迁移量较大，随着土壤温度的进一步降低，冻土层中未冻水和盐的迁移速率均降
低。随着林龄的增加，浅层(0～80 cm)土壤水分逐渐减少(图 4.4 a—c)，土壤冻结前的初始含
水量对冻结过程产生重要影响(Wang et al.，2019c)，Sun 等(2021)在中国北方半干旱农牧交
错区，对冻融条件下不同深度(0～2 m)的土壤水分和土壤温度进行了监测和调查，得出结论
初始土样含水量是影响冻融过程的主要因素。我们的研究证实了这一观点，不同林龄梭梭土
壤的冻融过程因初始土壤水分特征的差异而存在显著差异。

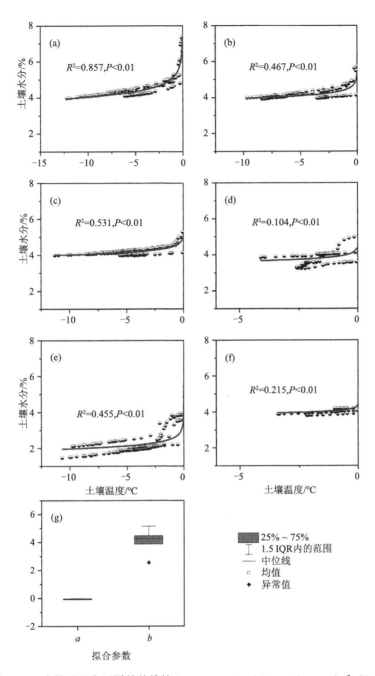

图 4.12　冻结过程中不同林龄梭梭(20 a、30 a、50 a)40 cm (a, c, e) 和 80 cm
(b, d, f)深度土壤温度和水分之间的关系。实曲线拟合非线性函数(幂函数)
$(y = b \times \mathrm{pow}(|T| + a))$;(g)中的 a 和 b 是(a—f)的拟合参数

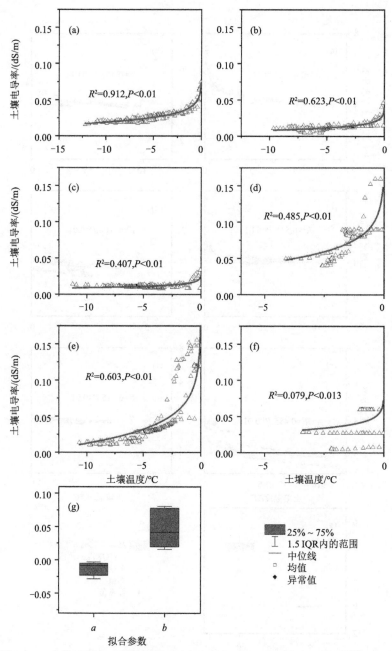

图 4.13　冻结过程中不同林龄梭梭(20 a、30 a、50 a)40 cm (a，c，e) 和 80 cm (b,d,f)深度土壤温度和电导率之间的关系。实曲线拟合非线性函数(对数函数) ($y=a\times\ln|T|+b$)；(g)中的 a 和 b 是(a—f)的拟合参数

4.2.1.3　融化过程中不同林龄梭梭土壤水盐运移机制

本研究发现,在融化过程中,融解层土壤水分先缓慢后快速增加。随着气温的升高,雪和冻土中融化的水分向下渗(Zhao et al.，2000；Xu et al.，2010a),造成土壤水分的重新分布。在 1 月下旬—3 月上旬的解冻过程中,20 a、30 a 和 50 a 季节性冻土层中 0～40 cm 和 40～80 cm 深度处的 VWC 和体积 EC 均表现出显著的正相关性,相关系数 R 分别为 0.964 和

0.922、0.934 和 0.884、0.803 和 0.791;而且呈显著的线性关系($P<0.01$),随着融化过程中土壤水分的增加,盐分也呈线性增加趋势(图 4.14)。在融化过程中,解冻层中自由水的入渗通常占主导地位,而未冻水在冻结层温度梯度的驱动下也向下迁移(Zhao et al.,2007a),从而使耦合热流同时向下传输,这最终导致土壤水盐整体向下迁移,盐分发生积累和沉降。

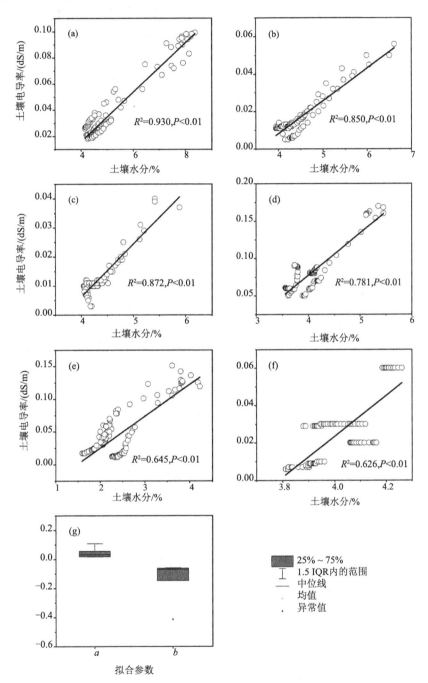

图 4.14　融化过程中不同林龄梭梭(20 a、30 a、50 a)40 cm (a,c,e)和 80 cm(b, d, f)深度土壤 VWC 和 EC 之间的关系。实直线拟合线性函数($y=a\times\theta+b$);

(g)中的 a 和 b 是(a—f)的拟合参数

本研究还发现,在 2 月下旬日平均气温＞0 ℃后,土壤融化呈现出双向化,自土壤表层与冻结带下端开始双向融解,直至完全消融。和单一地下热流向上融化相比,在气温＞0 ℃后,土壤的融化速要率快得多。在冻融过程中,土壤导热系数的差异导致土壤解冻速度快于冻结过程(Wang et al.,2022)。随着梭梭林龄的增加,土壤温度呈增加趋势,冻土层更浅,在相同气温下,30 a 和 50 a 的梭梭土壤融化的更快,双似冻层出现的时间更短或者几乎没有双似冻层。此外,随着林龄的增加,浅层(0～80 cm)土壤水分逐渐降低(图 4.4 a—c),Sun 等(2021)研究发现初始含水量越高,融化速率更低。

此外,非冻土区域(120～200 cm)土壤水分和电导率受季节性冻融变化影响较小。土壤温度在冻融期整体保持下降趋势,土壤温度与水分具有较强的相关性($R>0.96$,20 a;$R>0.76$,30 a;$R>0.98$,50 a)。土壤温度是在土壤冻融循环期间影响土壤水盐运动的主要驱动力(Wang et al.,2019b)。通过比较冻融前后土壤电导率含量,本研究发现,季节性冻融能够引起土壤盐渍化。但不是该区域土壤盐渍化的主要原因。20 a 梭梭浅层(0～80 cm)电导率在冻融前后变化并不显著,深层(80～200 cm)电导率增加了 0.001～0.003 dS/m;30 a 梭梭浅层电导率平均增加 0.001～0.002 dS/m;深层电导率减少了 0.004～0.079 dS/m;50 a 梭梭浅层土壤电导率在冻融前后变化并不显著,深层电导率增加了 0.01～0.012 dS/m。

4.2.1.4 生长期内不同林龄梭梭土壤水盐运移机制

本研究发现,浅层 0～80 cm 水分和盐分的波动性较大,在生长期(4—10 月)表现为反复"积盐-脱盐",土壤水分的变化主要受降雨、水分迁移和地表生态系统蒸散(包括植被蒸腾和土壤蒸发)的影响,土壤水分主要以自由水、毛细水和重力水等形式运移(Zhao et al.,2007b;Zhang et al.,2022),干旱区脉冲式的降水输入和剧烈的蒸散发引起浅层土壤盐分的积累和沉淀。例如,在 9 月份发生大降水事件(＞10 mm)后,重力作用下的降雨入渗不仅增加了土壤水分,而且对近地表含盐量产生了淋溶作用。浅层土壤在 1～2 d 内土壤水盐的急剧增加,并且在随后的时间里,水分下渗还会引起更深层的水盐增加(Lai et al.,2016),同时在持续的气温和蒸发影响下又导致了土壤水分的减少。随着林龄的增加,梭梭林下土壤表层逐渐形成一层物理盐结皮,随林龄增加盐结皮厚度增加(Su et al.,2020)。降水事件会将盐结皮中的盐分淋洗至下层土壤中,与原有的土壤水(盐)组成新的土壤水(Schwinning et al.,2004a)。小降水事件(＜5 mm)是荒漠区降水的主体,大的降水事件频率较低(Sala et al.,1982;Loik et al.,2004)。通常,脉冲式的小降水事件只能引起表层土壤水盐微小的波动变化,而大的降水事件能够补给深层的土壤水分,脉冲式降水与强烈的蒸发使得浅层(0～80 cm)土壤水盐出现一些或高或低呈脉动状态的丰富期(Sala et al.,1982;Schwinning et al.,2004b)。

本研究还发现,气温、蒸发、太阳净辐射随时间变化表现为单峰曲线,在太阳净辐射和气温最高的 7—8 月,蒸发最旺盛且降水量很少(图 4.2,图 4.3),浅层(0～80 cm)土壤水分和电导率普遍降低或者处于最低值时期(图 4.15),而深层(80～200 cm)土壤水分总体保持稳定增加趋势,且随着林龄的增加,浅层(0～80 cm)土壤水分逐渐减少,深层 160～200 cm 内土壤水分显著增加。Zhu 等(2017)通过研究不同龄阶梭梭根区土壤水分时空变化,也发现成熟梭梭的深层土壤含水率大于中龄梭梭和裸地。在人工梭梭林地,随着年龄的增加,梭梭深层根系比重不断增大,梭梭的主要水分来源由降水逐渐转变为地下水(Zhu et al.2011;Zhou et al.,2016b),同时,梭梭的根系在表层和深层土壤中都有分布,且在降水较少时,可以利用地下水(王国华 等,2022)来维持其生存,降水增加时,可以大量利用降水,即具有典型的二态性根系特征(Zhou et al.,2016a)。10 a 梭梭对表层土壤水分的利用率在 20% 左右,20 a 和 40 a 梭梭对地下水的利用率可达 80% 以上,这一转变过程使得梭梭水分来源由稀少且变率较大的降水转变为稳定且丰富的地下水,人工固沙植被发展到 50 a 后,植被-土壤系统达到稳定的水量平衡(Zhou et al.,2016b)。随着林龄的增加,梭梭耗水量不断增加,浅层(0～80 cm)土壤水分逐渐减少,深层土壤水和地下水的水分贡献率也在不断的增加使得深层 160～200 cm 内土壤水分显著增加,从而保证了人工梭梭林的可持续发展。同时,Dai 等 (2015)利用稳定同位素技术证明旱季梭梭 90% 以上的水分是依靠深层根系获取的深层土壤水或地下水。因此,随着林龄的增加,水分不断向根部运移,并携带部分盐离子向根部聚集,深层土壤中的水分和盐分逐渐增加。

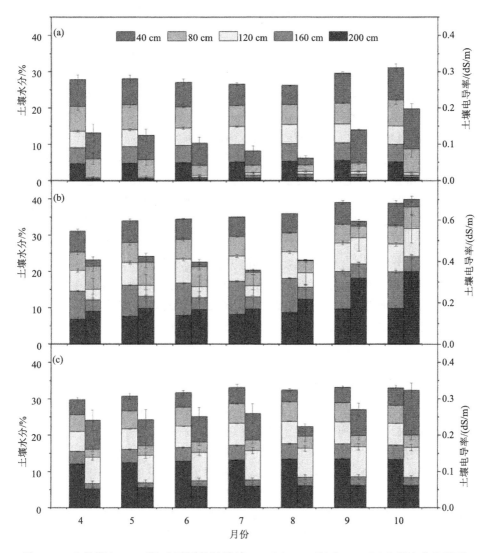

图 4.15　生长期(4—10 月)内不同林龄梭梭 20 a(a)、30 a(b)和 50 a(c)土壤水分(VWC)和土壤电导率(EC)的月平均变化。数据显示为平均值±标准误差

20 a 梭梭土壤水分和盐分集中分布于浅层(0～80 cm)范围内,深层水分和盐分含量都比较低,随着林龄的增加,30 a 和 50 a 盐分集聚主要发生在深层 80～200 cm。50 a 林龄梭梭由于

160～200 cm处黏土层的存在,隔水(盐)作用改变了剖面中土壤的水盐运移(Sun et al.,2018),导致土壤盐分含量小于30 a梭梭。在土壤-植被系统中,根土界面被认为是陆地表层土壤生态系统中物质和能量交换最频繁、也是生物、物理和化学调控作用与过程最活跃的一个功能区域。随着梭梭年龄的增加,浅层根系生物量比重逐渐减少,而深层根系的比重不断增加。梭梭根系在垂直方向上表现为先增大后减小的趋势,随着年龄的增长,梭梭根系生物量的峰值由0.5 m左右逐渐推移到1.0 m左右(Zhou et al.,2016a)。本研究结果表明,在根系生物量高的区域(80～120 cm),30 a和50 a梭梭土壤水盐含量均较高。同时,梭梭属稀盐生植物(Salt-dilution halophyte),在生长发育过程中吸收大量的Na离子(Kang et al.,2013),以保持低根系水势,并通过渗透补偿减轻干旱对其生长的影响,导致深层土壤盐分的显著积累。相对于冻融变化引起的土壤盐分积累,生长期内梭梭深层根系抽水吸盐作用引起的深层(80～200 cm)土壤盐分集聚要更显著,是干旱区人工造林引起土壤盐渍化的主要原因。

通过对不同林龄梭梭不同土层土壤水热盐的相关性分析得出,气温与土壤温度具有极显著的相关性,不同层之间也具有极显著相关性($R>0.9$,$P<0.001$),随着林龄和土壤深度的增加,气温与土壤的相关性逐渐减弱(图4.16a, d, g)。浅层0～80 cm内不同层土壤水分具有极显著相关性,随着林龄和土壤深度的增加逐渐减弱;随林龄的增加深层80～160 cm内不同层之间水分相关性极显著增强($P<0.001$),盐分的变化和水分的变化相似,表现为随着林龄的增加,深层土壤盐分的相关性极显著增强($P<0.001$),同时,30 a梭梭120～200 cm内不同层之间水盐的相关性大于50 a梭梭,以上分析可以反映出梭梭根系的水力提升导致土壤剖面中的水盐含量扩散增加,也可以证明50 a梭梭深层160～200 cm处的黏土层对水盐运移产生了阻碍作用。

温度、水势和盐分梯度是土壤水热盐运移的重要驱动机制之一,并且土壤水热盐的运移是相互影响、相互制约的。水驱动盐运输,盐的浓度改变水力特性;盐分可以改变传热特性,温度导致水发生相变;温度梯度为水提供驱动力,而水又可以改变温度传递特性(Zhang et al.,2023a)。干旱地区降水的脉冲性、土壤异质性和植被类型差异等决定了土壤-植被-大气传输过程的复杂性。

4.2.2　结论

本研究评估了不同林龄梭梭(20 a、30 a和50 a)土壤水热盐动态变化及其耦合关系。在研究期间,土壤水热盐的时空分布发生了显著变化,随着种植年限的增加,浅层0～80 cm土壤水分逐渐减少,而深层160～200 cm土壤水分逐渐增加,盐分集聚主要发生在深层80～200 cm。初始含水(盐)量的差异导致在冻融期不同林龄梭梭土壤温度有不同的变化(例如在最大冻结深度、冻融期时长、土壤温度的滞后性),温度是导致土壤水盐运移的重要驱动力,水热盐之间具有高度的协同性,在冻结过程中随着土壤温度降低,土壤水分和电导率随土壤温度绝对值($|T|$)呈非线性下降,分别遵循幂函数和对数函数。此外,季节性冻融导致浅层(0～80 cm)土壤发生积盐,但这不是干旱区人工造林引起土壤盐渍化的主要原因。在生长期梭梭长期抽取含盐量高的地下水引起盐分集聚在深层(80～200 cm)土壤中,导致梭梭根区土壤盐渍化。深层(160～200 cm)黏土层的存在和深层根系对土壤水盐运移有较大影响。在温度和降水事件的影响下,浅层(0～80 cm)土壤水热盐的年内波动变化较大,积盐-脱盐反复出现。

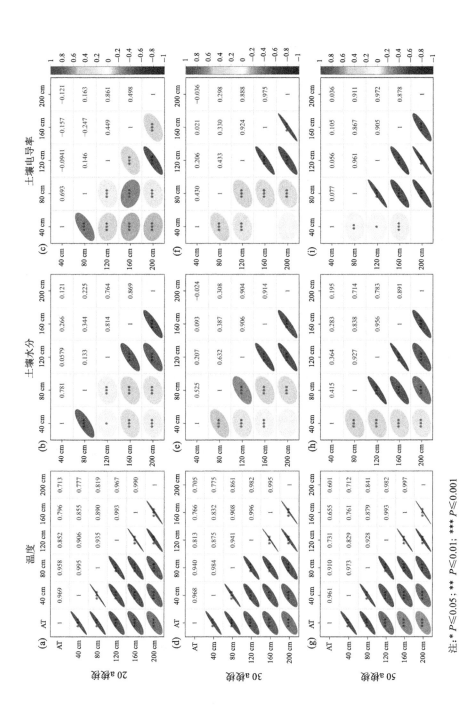

注：* $P \leqslant 0.05$；** $P \leqslant 0.01$；*** $P \leqslant 0.001$

图 4.16　不同林龄梭梭（20 a,30 a,50 a）土壤温度与气温（AT）(a、d、g)、土壤水分(b、e、h)、土壤电导率(c、f、i)分别在不同土层的相关性分析

参考文献

白莉萍,隋方功,孙朝晖,等,2004. 土壤水分胁迫对玉米形态发育及产量的影响[J]. 生态学报(7): 1556-1560.

包秀霞,廉勇,慕宗杰,等,2022. 干旱胁迫下不同来源多根葱根系及叶片光合特性的比较[J]. 华北农学报,37 (4):122-127.

毕晓丽,洪伟,吴承祯,等,2003. 珍稀植物群落多样性及稳定性分析[J]. 福建林学院学报,23(4):301-304.

蔡丽平,吴鹏飞,侯晓龙,等,2011. 干旱胁迫对水土保持先锋植物类芦光合特性的影响[J]. 水土保持学报,25 (6):237-241+259.

柴成武,王理德,尉秋实,等,2020. 民勤青土湖区不同年限退耕地土壤水分和养分变化[J]. 水土保持研究,27 (5):101-105.

柴永福,许金石,刘鸿雁,等,2019. 华北地区主要灌丛群落物种组成及系统发育结构特征[J]. 植物生态学报, 43(9):793-805.

常学礼,韩艳,孙小艳,等,2012. 干旱区绿洲扩展过程中的景观变化分析[J]. 中国沙漠,32(03):857-862.

陈爱萍,隋晓青,王玉祥,等,2020. 干旱胁迫及复水对伊犁绢蒿幼苗生长及生理特性的影响[J]. 草地学报,28 (5):1216-1225.

陈建伟,杨荣慧,王延平,等,2006. 黑穗醋栗生物学特性与适生生态环境条件研究[J]. 西北农业学报,(5): 236-239.

陈娟丽,赵学勇,刘新平,等,2019. 降雨量对科尔沁沙地3种沙生植物生长和生理的影响[J]. 中国沙漠,39 (5):163-173.

陈俊芳,吴宪,杨佳绒,等,2022. 全球气候变化下干旱及复水对地上植物和地下微生物的影响:进展与展望 [J/OL]. 生态学杂志. (2022-10-19)[2023-07-27]. http://kns.cnki.net/kcms/detail/21.1148.Q.20221018. 1947.020.html.

陈蔚,王维东,蒋嘉瑜,等,2022. 半干旱草地植物枯落物碳、氮和磷元素释放对放牧和封育管理的响应[J]. 生 态学报,42(11):4401-4414.

程锋梅,李生宇,郑伟,等,2022.3类典型株型草本植物对沙面风蚀抑制作用的研究[J]. 干旱区研究,39(5): 1526-1533.

崔婷茹,于慧敏,李会彬,等,2017. 干旱胁迫及复水对狼尾草幼苗生理特性的影响[J]. 草业科学,34(4): 788-793.

代红军,2007. 干湿变化与植物补偿效应的生理机制研究[J]. 安徽农业科学(32):10222-10224.

董雪,李永华,张正国,等,2020. 甘肃酒泉荒漠戈壁灌木群落优势物种生态位特征[J]. 中国沙漠,40(4): 138-145.

董治宝,陈渭南,董光荣,等,1996. 植被对风沙土风蚀作用的影响[J]. 环境科学学报(4):437-443.

杜峰,梁宗锁,徐学选,等,2007. 陕北黄土丘陵区撂荒草地群落生物量及植被土壤养分效应[J]. 生态学报 (5):1673-1683.

杜祥备,王家宝,刘小平,等,2019. 减氮运筹对甘薯光合作用和叶绿素荧光特性的影响[J]. 应用生态学报,30 (4):1253-1260.

冯树林,2020. 干旱胁迫和复水对侧柏和紫穗槐幼苗生长和生理特征的影响研究[D]. 杨凌:西北农林科技大学.

冯延芝,赵阳,王保平,等,2020. 干旱复水对楸叶泡桐幼苗光合和叶绿素荧光的影响[J]. 中南林业科技大学学报,40(4):1-8.

付鹏程,2021. 沙漠-绿洲过渡带斑块状植被区植物群落特征及其土壤理化性质[D]. 兰州:兰州交通大学.

高俊凤,2006. 植物生理学实验指导[M]. 北京:高等教育出版社.

耿东梅,赵鹏,陈亚东,等,2022. 石羊河尾闾青土湖荒漠植物群落种间关联及生态位研究[J/OL]. 水生态学杂志:1-15. (2022-04-09)[2023-10-21]. https://doi.org/10.15928/j.1674-3075.202204090105.

龚吉蕊,赵爱芬,张立新,等,2004. 干旱胁迫下几种荒漠植物抗氧化能力的比较研究[J]. 西北植物学报(9):1570-1577.

龚容,高琼,王亚林,2016. 围封对温带半干旱典型草原群落种间关联的影响[J]. 植物生态学报,40(6):554-563.

郭其强,张文辉,曹旭平,2009. 基于模糊综合评判的森林群落稳定性评价体系模型构建——以黄龙山主要森林群落为例[J]. 林业科学,45(10):19-24.

郭索彦,2010. 水土保持监测理论与方法[M]. 北京:中国水利水电出版社.

郭文婷,王国华,缑倩倩,等,2022. 河西走廊荒漠绿洲过渡带3种典型一年生藜科植物构件生长及生物量分配特征[J]. 草业学报,31(2):25-38.

郭文婷,王国华,缑倩倩,2023. 钠盐胁迫对藜科一年生草本植物种子萌发和幼苗生长的影响[J]. 草业学报,32(3):128-141.

郭郁频,米福贵,闫利军,等,2014. 不同早熟禾品种对干旱胁迫的生理响应及抗旱性评价[J]. 草业学报,23(4):220-228.

韩以晴,张定海,张志山,2022. 腾格里沙漠红卫地区固定沙丘上固沙灌木种群空间分布格局与空间关联性研究[J]. 干旱区资源与环境,36(3):157-165.

何明珠,张志山,李小军,等,2010. 阿拉善高原荒漠植被组成分布特征及其环境解释Ⅰ. 典型荒漠植被分布格局的环境解释[J]. 中国沙漠,30(1):45-46.

何玉惠,赵哈林,赵学勇,等,2008. 沙埋对小叶锦鸡儿幼苗生长和生物量分配的影响[J]. 干旱区地理,31(5):701-706.

胡小文,王彦荣,武艳培,2004. 荒漠草原植物抗旱生理生态学研究进展[J]. 草业学报(3):9-15.

黄富祥,王明星,王跃思,2002. 植被覆盖对风蚀地表保护作用研究的某些新进展[J]. 植物生态学报(5):627-633.

黄晶,薛东前,马蓓蓓,等,2022. 干旱绿洲农业区村庄多功能特征与类型划分研究——以临泽县为例[J]. 干旱区地理,45(2):606-617.

贾学静,董立花,丁春邦,等,2013. 干旱胁迫对金心吊兰叶片活性氧及其清除系统的影响[J]. 草业学报,22(5):248-255.

江沙沙,孙宗玖,杨静,等,2018. 封育年限对伊犁绢蒿荒漠草地群落种间关系及稳定性的影响[J]. 中国草地学报,40(3):68-75.

赖小连,颜玉娟,颜立红,等,2020. 干旱胁迫对黄檀幼苗生长及生理特性的影响[J]. 东北林业大学学报,48(7):1-6.

黎裕,1994. 植物的渗透调节与其它生理过程的关系及其在作物改良中的应用[J]. 植物生理学通讯(5):377-383.

李瑶,周国英,杨路存,等,2013. 围栏封育对青海湖流域主要植物群落多样性与稳定性的影响[J]. 水土保持研究,20(4):135-140.

李启森,赵文智,2004. 黑河分水计划对临泽绿洲种植业结构调整及生态稳定发展的影响——以黑河中游的临泽县平川灌区为例[J]. 冰川冻土(3):333-343.

李强,丁武泉,朱启红,等,2011. 三峡库区泥、沙沉降对低位狗牙根种群的影响[J]. 生态学报,31(6): 1567-1573.

李秋艳,赵文智,李启森,等,2004. 荒漠绿洲边缘区泡泡刺种群对风沙干扰的响应[J]. 生态学报(11): 2484-2491.

李生宇,徐新文,雷加强,等,2013. 塔克拉玛干沙漠头状沙拐枣光合器官生长对风蚀的响应与适应策略分析 [J]. 中国生态农业学报,21(7):860-866.

李婷婷,2019. 荒漠草原柠条沙柳灌木林生长特征与土壤水分关系[D]. 银川:宁夏大学.

李文婷,张超,王飞,等,2010. 沙埋与供水对毛乌素沙地两种重要沙生植物幼苗生长的影响[J]. 生态学报,30 (5):1192-1199.

李晓靖,崔海军,2018. 植物对环境胁迫的生理响应研究进展[J]. 安徽农学通报,24(14):17-18,109.

李新荣,张志山,黄磊,等,2013. 我国沙区人工植被系统生态-水文过程和互馈机理研究评述[J]. 科学通报, 58(Z1):397-410.

李阳,齐曼·尤努斯,祝燕,2006. 水分胁迫对大果沙枣光合特性及生物量分配的影响[J]. 西北植物学报,26 (12):2493-2499.

梁存柱,刘钟龄,朱宗元,等,2003. 阿拉善荒漠区一年生植物层片物种多样性及其分布特征[J]. 应用生态学 报,14(6):897-903.

林涛,2009. 环境因子对四种沙生植物种子萌发影响的研究[D]. 呼和浩特:内蒙古农业大学.

刘海江,郭柯,2005. 沙埋对中间锦鸡儿幼苗生长发育的影响[J]. 生态学报,25(10):2550-2555.

刘晓琴,张翔,张立锋,等,2016. 封育年限对高寒草甸群落组分和物种多样性的影响[J]. 生态学报,36(16): 5150-5162.

刘娅惠,徐瑾,雷蕾等,2022. 不同磷梯度下马尾松幼苗根的生理生化特征[J/OL]. 浙江农林大学学报, (2022-12-02)[2023-07-27]. http://kns. cnki. net/kcms/detail/33. 1370. S. 20221201. 1320. 002. html.

刘艳,蔡贵芳,陈贵林,2012. 干旱胁迫对甘草幼苗活性氧代谢的影响[J]. 中国草地学报,34(5):93-98.

刘玉英,徐泽,罗云米,2010. 干旱胁迫对不同茶树品种生理特性的影响[J]. 西南农业学报(2):387-389.

刘展鹏,褚琳琳,2016. 作物干旱胁迫补偿效应研究进展[J]. 排灌机械工程学报,34(9):804-808.

鲁延芳,权金鹏,占玉芳,等,2021. 黑河中游荒漠绿洲过渡带植被多样性特征及其水分的影响[J]. 西北林学 院学报,36(6):22-30.

鲁玉超,2014. 临泽县风沙区土壤状况和枣树光合特性研究[D]. 兰州:甘肃农业大学.

罗永红,闫兴富,孙毅,等,2018. 荒漠生境下柠条幼苗存活与生长对水分添加和沙埋的响应[J]. 生态学杂志, 37(5):1382-1390.

马福林,马玉花,2022. 干旱胁迫对植物的影响及植物的响应机制[J]. 宁夏大学学报(自然科学版),43(4): 391-399.

马红媛,梁正伟,闫超,等,2007. 四种沙埋深度对羊草种子出苗和幼苗生长的影响[J]. 生态学杂志,26(12): 2003-2007.

马洪婧,李瑞霞,袁发银,等,2013. 不同演替阶段栎树混交林群落稳定性[J]. 生态学杂志,32(3):558-562.

马廷臣,余蓉蓉,陈荣军,等,2010. PEG-6000模拟干旱对水稻苗期根系形态和部分生理指标影响的研究[J]. 中国农学通报,26(8):149-156.

马洋,王雪芹,韩章勇,等,2015. 风蚀沙埋对疏叶骆驼刺(*Alhagi sparsifolia*)和花花柴(*Karelinia caspica*)幼 苗的生理影响[J]. 中国沙漠,35(5):1254-1261.

米志英,周丹丹,吴亚东,2005. 风蚀沙埋对沙柳形态特征的影响[J]. 内蒙古林业科技(1):10-13.

苗纯萍,李雪华,蒋德明,2012. 半干旱风沙区黄柳幼苗生长发育对沙埋的响应[J]. 干旱区研究,29(2): 208-212.

聂莹莹,陈金强,辛晓平,2021. 呼伦贝尔草甸草原区主要植物种群生态位特征与物种多样性对封育年限响应[J]. 草业学报,30(10):15-25.

牛慧慧,陈辉,付阳,等,2019. 柴达木盆地东部荒漠植物生态位特征[J]. 生态学报,39(8):2862-2871.

裴斌,张光灿,张淑勇,等,2013. 土壤干旱胁迫对沙棘叶片光合作用和抗氧化酶活性的影响[J]. 生态学报,33(5):1386-1396.

彭浪,段剑,刘士余,等,2022. 红壤侵蚀区不同恢复年限植物群落演替规律[J]. 水土保持通报,42(1):10-16.

齐丹卉,杨洪晓,卢琦,等,2021. 浑善达克沙地植物群落物种多样性及环境解释[J]. 中国沙漠,41(6):65-77.

任磊,赵夏陆,许靖,等,2015.4 种茶菊对干旱胁迫的形态和生理响应[J]. 生态学报,35(15):5131-5139.

任亦君,席璐璐,缑倩倩,等,2021. 单次小降雨(≤5 mm)事件对 4 种典型荒漠一年生草本植物生长和繁殖的影响[J]. 中国沙漠,41(4):87-99.

单长卷,梁宗锁,2007. 土壤干旱对冬小麦幼苗根系生长及生理特性的影响[J]. 中国生态农业学报(5):38-41.

单长卷,韩蕊莲,梁宗锁,2011. 黄土高原冰草叶片抗坏血酸和谷胱甘肽合成及循环代谢对干旱胁迫的生理响应[J]. 植物生态学报,35(6):653-662.

史社裕,白增飞,李炳,2011. 风蚀沙埋对毛乌素沙地植物的影响及其防治[J]. 安徽农学通报,17(15):168-170+193.

仝倩,施明,贺建勋,等,2018.5 种葡萄砧木耐旱性评价及鉴定指标的筛选[J]. 核农学报,32(9):1814-1820.

涂洪润,农娟丽,朱军,等,2022. 桂林岩溶石山密花树群落主要物种的种间关联及群落稳定性[J]. 生态学报,42(9):3688-3705.

汪殿蓓,暨淑仪,陈飞鹏,2001. 植物群落物种多样性研究综述[J]. 生态学杂志(4):55-60.

汪志聪,吴卫菊,左明,等,2010. 巢湖浮游植物群落生态位的研究[J]. 长江流域资源与环境,19(6):685-691.

王伯荪,彭少麟,1985. 南亚热带常绿阔叶林种间联结测定技术研究 . I. 种间联结测式的探讨与修正[J]. 植物生态学与地植物学丛刊(9):32-43.

王方琳,柴成武,赵鹏,等,2021.3 种荒漠植物光合及叶绿素荧光对干旱胁迫的响应及抗旱性评价[J]. 西北植物学报,41(10):1755-1765.

王刚,梁学功,1995. 沙坡头人工固沙区的种子库动态[J]. 植物学报(3):231-237.

王国宏,2002. 再论生物多样性与生态系统稳定性[J]. 生物多样性,10(1):126-134.

王国华,郭文婷,缑倩倩,2020a. 钠盐胁迫对河西走廊荒漠绿洲过渡带典型一年生草本植物种子萌发的影响[J]. 应用生态学报,31(6):1941-1947.

王国华,任亦君,缑倩倩,2020b. 河西走廊荒漠绿洲过渡带封育对土壤和植被的影响[J]. 中国沙漠,40(2):222-231.

王国华,陈蕴琳,缑倩倩,2021a. 荒漠绿洲过渡带不同年限雨养梭梭(Haloxylon ammodendron)对土壤水分变化的响应[J]. 生态学报,41(14):5658-5668.

王国华,宋冰,席璐璐,等,2021b. 晋西北丘陵风沙区不同林龄人工柠条生长与繁殖动态特征[J]. 应用生态学报,32(6):2079-2088.

王国华,张妍,缑倩倩,等,2022. 黑河流域中游绿洲边缘地表水和地下水水化学特征分析[J]. 地理科学,43(10),1818-1828.

王辉,谢永生,程积民,等,2012. 基于生态位理论的典型草原铁杆蒿种群化感作用[J]. 应用生态学报,23(3):673-678.

王进,周瑞莲,赵哈林,等,2012. 海滨沙地砂引草对沙埋的生长和生理适应对策[J]. 生态学报,32(14):4291-4299.

王蕾,许冬梅,张晶晶,2012. 封育对荒漠草原植物群落组成和物种多样性的影响[J]. 草业科学,29(10):1512-1516.

王利界,周智彬,常青,等,2018. 盐旱交叉胁迫对灰胡杨(*Populus pruinosa*)幼苗生长和生理生化特性的影响[J]. 生态学报,38(19):7026-7033.

王宁,袁美丽,陈浩,等,2019. 干旱胁迫及复水对入侵植物节节麦幼苗生长及生理特性的影响[J]. 草业学报,28(1):70-78.

王涛,2009. 干旱区绿洲化、荒漠化研究的进展与趋势[J]. 中国沙漠,29(1):1-9.

王文祥,李文鹏,蔡月梅,等,2021. 黑河流域中游盆地水文地球化学演化规律研究[J]. 地学前缘,28(4):184-193.

王湘,焦菊英,曹雪,等,2022. 柴达木盆地尕海湖区白刺灌丛沙堆剖面土壤养分的分布和富集特征[J]. 应用生态学报,33(3):765-774.

王晓雪,李越,张斌,等,2020. 干旱胁迫及复水对燕麦根系生长及生理特性的影响[J]. 草地学报,28(6):1588-1596.

王彦武,2016. 民勤绿洲荒漠过渡带固沙林土壤保育效应研究[D]. 兰州:甘肃农业大学.

王艳会,孙昊蔚,卫朝辉,等,2021. 活化水对小麦生长及根系活力的影响[J]. 华北农学报,36(1):124-133.

谢志玉,张文辉,2018. 干旱和复水对文冠果生长及生理生态特性的影响[J]. 应用生态学报,29(6):1759-1767.

徐满厚,刘彤,2012. 绿洲-荒漠过渡带早春自然植被的物种组成及其防风效应[J]. 干旱区研究,29(1):64-72.

许令明,曹昀,汤思文,等,2020. 干旱胁迫及复水对花叶芦竹生理特性的影响[J]. 中国水土保持科学,18(3):59-66.

杨崇曜,李恩贵,陈慧颖,等,2017. 内蒙古西部自然植被的物种多样性及其影响因素[J]. 生物多样性,25(12):1303-1312.

杨小林,张希明,李义玲,等,2008. 塔克拉玛干沙漠腹地3种植物根系构型及其生境适应策略[J]. 植物生态学报(6):1268-1276.

杨云,周宇,班秀文,等,2023. 干旱胁迫对薏苡幼苗形态和生理特征的影响[J/OL]. 分子植物育种,(2023-07-07)[2023-07-27]. http://kns.cnki.net/kcms/detail/46.1068.S.20230706.1405.006.html.

姚喜喜,才华,李长慧,2021. 封育和放牧对高寒草甸植被群落特征和土壤特性的影响[J]. 草地学报,29(S1):128-136.

于云江,辛越勇,刘家琼,等,1998. 风和风沙流对不同固沙植物生理状况的影响[J]. 植物学报(10):83-89.

于云江,史培军,贺丽萍,等,2002. 风沙流对植物生长影响的研究[J]. 地球科学进展(2):262-267.

张翠梅,师尚礼,吴芳,2018. 干旱胁迫对不同抗旱性苜蓿品种根系生长及生理特性影响[J]. 中国农业科学,51(5):868-882.

张德魁,马全林,刘有军,等,2009. 河西走廊荒漠区一年生植物组成及其分布特征[J]. 草业科学,26(12):37-41.

张继恩,梁存柱,付晓玥,等,2009. 阿拉善荒漠一年生植物种子萌发特性及生态适应性分析[J]. 干旱区资源与环境,23(2):175-179.

张继义,赵哈林,张铜会,等,2003. 科尔沁沙地植物群落恢复演替系列种群生态位动态特征[J]. 生态学报,23(12):2741-2746.

张建永,李扬,赵文智,等,2015. 河西走廊生态格局演变跟踪分析[J]. 水资源保护,31(3):5-10.

张晶,左小安,杨阳,等,2017. 科尔沁沙地草地植物群落功能性状对封育和放牧的响应[J]. 农业工程学报(24):261-268.

张景光,周海燕,王新平,等,2002. 沙坡头地区一年生植物的生理生态特性研究[J]. 中国沙漠(4):43-46.

张孝仁,徐先英,1992. 沙拐枣属种间抗干旱抗风蚀性比较试验研究[J]. 干旱区资源与环境(4):55-62.

张新时,2001. 天山北部山地-绿洲-过渡带-荒漠系统的生态建设与可持续农业范式[J]. 植物学报(12):1294-1299.

张志良,瞿伟菁,1990. 植物生理学实验指导[M]. 北京:高等教育出版社.

赵春彦,秦洁,贺晓慧,等,2022. 轻度沙埋对典型荒漠植物的影响[J]. 中国沙漠,42(5):63-72.

赵哈林,苏永中,周瑞莲,2006. 我国北方沙地退化植被的恢复机理[J]. 中国沙漠,26(3):323-328.

赵哈林,苏永中,张华,等,2007. 灌丛对流动沙地土壤特性和草本植物的影响[J]. 中国沙漠,27(3):385-390.

赵哈林,曲浩,周瑞莲,等,2013a. 沙埋对两种沙生植物幼苗生长的影响及其生理响应差异[J]. 植物生态学报,37(9):830-838.

赵哈林,曲浩,周瑞莲,等,2013b. 小叶锦鸡儿幼苗对沙埋的生态适应和生理响应[J]. 西北植物学报,33(7):1388-1394.

赵丽英,邓西平,山仑,2004. 水分亏缺下作物补偿效应类型及机制研究概述[J]. 应用生态学报(3):523-526.

赵文智,杨荣,刘冰,等,2016. 中国绿洲化及其研究进展[J]. 中国沙漠,36(1):1-5.

赵永华,雷瑞德,何兴元,等,2004. 秦岭锐齿栎林种群生态位特征研究[J]. 应用生态学报(6):913-918.

郑淼,郭毅,王丽敏,2020. 干旱胁迫对红宝石海棠根系形态及生理特性的影响[J]. 中国农业科技导报,22(3):24-30.

周欢欢,傅卢成,马玲,等,2019. 干旱胁迫及复水对'波叶金桂'生理特性的影响[J]. 浙江农林大学学报,36(4):687-696.

周丽平,袁亮,赵秉强,等,2019. 不同用量风化煤腐殖酸对玉米根系的影响[J]. 中国农业科学,52(2):285-292.

周瑞莲,赵哈林,王海鸥,2001. 科尔沁沙地植物演替的生理机制[J]. 干旱区研究(3):13-19.

朱军涛,李向义,张希明,等,2011. 4种荒漠植物的抗氧化系统和渗透调节的季节变化[J]. 中国沙漠,31(6):1467-1471.

祝海竣,李丹妮,张昕,等,2022. 抗盐碱剂对盐碱胁迫条件下双季稻渗透调节物质及根系活力的影响[J]. 土壤通报,53(5):1098-1105.

庄晔,葛嘉雪,汪孝国,等,2022. 干旱胁迫后复水对烤烟生长及其生理特性的影响[J]. 中国烟草学报,28(4):48-58.

ALVAREZ-URIA P, KORNER C, 2011. Fine root traits in adult trees of evergreen and deciduous taxa from low and high elevation in the Alps [J]. Alpine Botany,121:107-112.

ANDERSEN K M, TURNER B L, DALLING J W,2014. Seedling performance trade-offs influencing habitat filtering along a soil nutrient gradientin a tropical forest[J]. Ecology,95(12):3399-3413.

AULD J R, AGRAWAL A A, RELYEA R A, 2010. Re-evaluating the costs and limits of adaptive phenotypic plasticity [J]. Proceedings of the Royal Society B: Biological Sciences, 277:503-511.

ALEXANDER L V, 2016. Global observed long-term changes in temperature and precipitation extremes: A Tadeyreview of progress and limitation in IPCC assessments and beyond [J]. Weather and Climate Extremes,11: 4-16.

BO L F, LI Z B, LI P,et al, 2021. Soil freeze-thaw and water transport characteristics under different vegetation types in seasonal freeze-thaw areas of the Loess Plateau[J]. Frontiers in Earth Science, 9:704901.

BOULOS L, AL-DOSRI M, 1994. Checklist of the flora of Kuwait [J]. Kuwait Journal of Science , 21: 203-218.

BOWKER M A, 2007. Biological soil crust rehabilitation in theory and practice: An underexploited opportunity [J]. Restoration Ecology, 15(1):13-23.

BRADSHAW A D,1965. Evolutionary significance of phenotypic plasticity [J]. Advances in Genetics, 13: 115-155.

BROWN G, 2003. Species richness, diversity and biomass production of desert annuals in an ungrazed Rhanterium epapposum community over three growthseasons in Kuwait[J]. Plant Ecology,165(1):53-68.

CHEN Y P，SHI M H LI X C，2006. Experimental investigation on heat，moisture and salt transfer in soil [J]. International Communications in Heat and Mass Transfer,33(9):1122-1129.

CHEN W, KOIDE R T, ADAMS T S, et al, 2016. Root morphology and mycorrhizal symbioses together shape nutrient foraging strategies of temperate trees [J]. Proceedings of the National Academy of Sciences of the United States of America, 113:8741-8746.

CHEN Y N, ZHANG X Q, FANG G H,et al, 2020. Potential risks and challenges of climate change in the arid region of northwestern China[J]. Regional Sustainability,1 (1)：20-30.

CHENG X, AN S Q, Li B, 2006. Summer rain pulse size and rainwater uptake by three dominant desert plants in adesertified grassland ecosystem in northwestern China [J]. Plant Ecology, 184：1-12.

COLLINS S L, SINSABAUGH R L, CRENSHAW C, et al, 2008. Pulse dynamics and microbial processes in aridland ecosystems [J]. Journal of Ecology, 96：413-420.

DAI Y, ZHENG X J, TANGL S,et al, 2015. Stable oxygen isotopes reveal distinct water use patterns of two Haloxylon species in the Gurbantonggut Desert[J]. Plant and Soil,389：73-87.

DECH J P, MAUN M A,2006. Adventitious root production and plasticre source allocation to biomass determine burial tolerance in woody plants from central Canadian coastal dunes[J]. Annals of Botany,98(5)：1095-1105.

DGHIM F, ABDELLAOUI R,BOUKHIRS M ,et al,2018. Physiological and biochemical changes in Periploca angustifolia plants under with holding irrigation and rewatering conditions[J]. South African Journal of Botany,114：241-249.

EHLERINGER J R, SCHWINNING S, GEBAUER R,1999. Water Use in Arid Land Ecosystems [M]. Boston:Blackwell Science:347-365.

FENG X H, AN P, LI X G,et al, 2018. Spatiotemporal heterogeneity of soil water and salinity after establishment of dense-foliage Tamarix chinensis on coastal saline land[J]. Ecological Engineering,121:104-113.

FRANCISCO I P, ROBERT O L,2000. Seed bank and understory species composition in a semi-arid environm ent ：The effect of shrub age and rainfall[J]. Annals of Botany, 86:807-813.

FRAUENFELD O W, ZHANG T J, BARRY R G,et al, 2004. Interdecadal changes in seasonal freeze and thaw depths in Russia[J]. Journal of Geophysical Research,109(D5)：D05101.

GODRON M ，DAGET P ，POISSONET J ，et al,1971. Some aspects of heterogeneity in grasslands of Cantal (France)[C]. International Symposium on Stat Ecol New Haven 1969.

GONG Z T, ZHANG G L, WANG J Z,et al, 2005. Formation and taxonomy of irrigation-silted soils in China [J]. Arid Zone Research ，22(1):4-10.

GOU Q Q, SONG B, LI Y et al,2022a. Effects of drought stress on annual herbaceous plants under different mixed growth conditions in desert oasis transition zone of the Hexi Corridor[J]. Sustainability,14：14956.

GOU Q, XI L L,LI Y ,et al,2022b. The responses of four typical annual desert species to drought and mixed growth [J]. Forests,13：2140.

GOU Q,SHEN C,WANG G,2022c. Changes in soil moisture,temperature,and salt in *Rainfed Haloxylon* ammo-dendron forests of different ages across a Typical Desert-Oasis Ecotone[J]. Water,14:2653.

GOU Q,GUO W,WANG G,2022d. Dynamic changes in soil moisture in three typical landscapes of the Heihe River Basin[J]. Frontiers in Environmental Science,10:1049883.

GOU Q Q, MA G L, QU J, et al,2023a. Diversity of soil bacteria and fungi communities in artificial forests of the sandy-hilly region of Northwest China[J]. Journal of Arid Land,15(1)：109-126.

GOU Q Q, GAO M ,WANG G,2023b. Multi-functional characteristics of artificial forests of *Caragana korshinskii Kom* with different plantation ages in the hilly and sandy area of northwest Shanxi, China [J]. Land Degradation and Development,34(14):4195-4207.

GREMER J R, BRADFORD J B, MUNSON S M,et al, 2015. Desert grassland responses to climate and soil moisture suggest divergent vulnerabilities across the southwestern United States[J]. Global Change Biology, 21(11): 4049-4062.

GU J C, WANG D N, XIA X X, et al, 2016. Applications of functional classification methods for tree fine root biomass estimation:Advancements and synthesis [J]. Chinese Journal of Plant Ecology, 40(12):1344-1351.

GUO W C, LIU H Y, ANENKHONOV O A,et al, 2018. Vegetation can strongly regulate permafrost degradation at its southern edge through changing surface freeze-thaw processes[J]. Agricultural and Forest Meteorology,252: 10-17.

HENDRY A P,2016. Key questions on the role of phenotypic plasticity in eco-evolutionary dynamics [J]. Journal of Heredity,107(1):25-41.

HERTEL D, STRECKER T, MULLER-HAUOLD H, et al, 2013. Fine root biomass and dynamics in beech forests across a precipitation gradient is optimal resource partitioning theory applicable to water-limited mature trees [J]. Journal of Ecology,101:1183-1200.

HOLDAWAY R J, RICHARDSON S J, DICKIE I A, et al, 2011. Species- and community-level patterns in fine root traits along a 120 000-year soil chronosequence in temperate rain forest [J]. Journal of Ecology,99: 954-963.

JESUS J M, DANKO AS , FIÚZA A, 2015. Phytoremediation of salt-affected soils: A review of processes, applicability, and the impact of climate change[J]. Environmental Science and Pollution Research,22:6511-6525.

JIA J, HUANG C, BAI J H, et al, 2018. Effects of drought and salt stresses on growth characteristics of euhalophyte Suaeda salsa in coastal wetland[J]. Physics and Chemistry of the Earth, Parts A/B/C, 103: 68-74.

JOHN B, PANDEY H N, TRIPATHI R S, 2001. Vertical distribution and seasonal changes of fine and coarse root mass in Pinuskesiya Royle Ex. Gordon forest of three different ages [J]. Acta Oecologica, 22: 293-300.

KANG J J, DUAN J J, WANG S M, et al, 2013. Na compound fertilizer promotes growth and enhances drought resistance of the succulent xerophyte Haloxylon ammodendron[J]. Soil Science and Plant Nutrition,59(2):289-299.

KELLY S A, PANHUIS T M, STOEHR A M, 2012. Phenotypic plasticity: Molecular mechanisms and adaptive significance [J]. Comprehensive Physiology, 2:1417-1439.

KEVIN J R, ANDREW R D, 2001. Seed aging, germination and reduced competitive ability in Bromus tetorum [J]. Plant Ecology, 155: 237-243

KRIEGER A, POREMBSKI S, BARTHLOTT W,2003. Temporal dynamics of an ephemeral plant community: species turnover in seasonal rock pools onIvorianinselbergs[J]. Plant Ecology,167(2):283-292.

KURASHIGE N S, AGRAWAL A A, 2005. Phenotypic plasticity to light competition and herbivory in Chenopodium album (Chenopodiaceae) [J]. American Journal of Botany,92:21-26.

LAI X M, LIAO K H, FENG H H, et al, 2016. Responses of soil water percolation to dynamic interactions among rainfall, antecedent moisture and season in a forest site [J]. Journal of Hydrology,540:565-573.

LEPPALAMMI-KUJANSUU J, SALEMAA M, KLEJA D B, et al, 2014. Fine root turnover and litter production of Norway spruce in a long-term temperature and nutrient manipulation experiment [J]. Plant and Soil,374:73-88.

LIU Z M, JIANG D M, GAO H Y, et al, 2003. Relationships between plant reproductive strategy and disturbance [J]. Chinese Journal of Applied Ecology , 14(3): 418-422.

LIU Z M, et al,2010. Plant Propagation Countermeasures in the Kerchin Sands [M]. Beijing: China Meteorological Press:25-86.

LIU J L, WANG Y G, YANG X H, et al, 2011. Genetic variation in seed and seedling traits of six Haloxylon ammodendron shrub provenances in desert areas of China[J]. Agroforestry Systems, 81:135-146.

LIU H T, JIA Z Q, ZHU Y J,2012a . Effect of stand age on photosynthetic of salix cheilohila in alpine-cold sandland[J]. Journal of Northeast Forestry University,40(12):20-26.

LIU L Y, JIA Z Q, ZHU Y J,2012b. Water use strategy of different stand ages of Caragana intermedia in Alpine sandland [J].Journal of Arid Land Resources and Environment,26(5):119-125.

LIU T J, XU X T, YANG J, 2017. Experimental study on the effect of freezing thawing cycles on wind erosion of black soil in Northeast China [J]. Cold Regions Science and Technology, 136: 1-8.

LIU B, ZHAO W Z, WEN Z J, et al, 2019. Mechanisms and feedbacks for evapotranspiration-induced salt accumulation and precipitation in an arid wetland of China [J]. Journal of Hydrology, 568: 4003-415.

LIU Y L, KUMAR M, KATUL G G, et al, 2020. Plant hydraulics accentuates the effect of atmospheric moisture stress on transpiration [J]. Nature Climate Change, 10: 691-695.

LOIK M E , BRESHEARS D D, LAUENROTH W K,et al, 2004. A multi-scale perspective of water pulses in dryland ecosystems: climatology and ecohydrology of the western USA [J]. Oecologia, 141: 269-281.

LOPEZ B, SABATE S, GRACIA C A, 2001. Vertical distribution of fine root density, length density, area index and mean diameter in aQuercusilex forest [J]. Tree Physiology,21(8):555-560.

LU Y W, MIAO X L, SONG Q Y, et al, 2018. Morphological and ecophysiological plasticity in dioecious plant Populus tomentosa under drought and alkaline stresses [J]. Photosynthetica, 56:1353-1364.

LUKE M M, ADAMS T S, SMITHWICK E A H, et al, 2012. Predicting fine root lifespan from plant functional traits in temperate trees [J]. New Phytologist,195:823-831.

MADON O, MÉDAIL F, 1997. The ecological significance of annuals on a Mediterranean grassland (MtVentoux,France) [J]. Plant Ecology,129(2):189-199.

MANES F, VITALE M, DONATO E, et al, 2006. Different ability of three Mediterranean oak species to tolerate progressive water stress [J]. Photosynthetica,44:387-393.

MAJDI H, ANDERSSON P, 2005. Fine root production and turnover in a Norway spruce stand in northern Sweden: Effects of nitrogen and water manipulation [J]. Ecosystems,8:191-199.

MATESANE S, GIANOLI E, VALLADARES F, 2010. Global change and the evolution of phenotypic plasticity in plants [J]. Annals of the New York Academy of Sciences,1206:35-55.

MATILDA M, LORENZO D T,TADEJA S,et al , 2015. Aquaporins in Coffea arabica L. : Identification, expression, and impacts on plant water relations and hydraulics[J].Plant Physiology and Biochemistry,95: 92-102.

NACHSHON U, WEISBROD N, DRAGILA M,et al, 2011. Combined evaporation and salt precipitation in homogeneous and heterogeneous porous media [J].Water Resources Research, 47:W03513.

OGLE K, REYNOLDS J F, 2004. Plant responses to precipitation in desert ecosystems: Integrating functional types, pulses, thresholds, and delays [J]. Oecologia, V141:282-294.

ONDRASEK G, RENGEL Z, 2020. Environmental salinization processes: Detection, implications solutions [J]. Science of the Total Environment, 754:142432.

PAGTER M, BRAGATO C, BRIX H,2005. Tolerance and physiological responses of Phragmites australis to water deficit[J]. Aquatic Botany, 81: 285-299.

PFENNIG D W, 2016. Ecological Evolutionary Developmental Biology [M]. Oxford: Academic Press: 474-481.

PETERSON A T,ORTEGA-HUERTA M A,BARTLEY J,et al,2002. Future projections for Mexican faunas under climate change scenarios [J]. Nature,416:626-629.

QI Y, LI J P, CHEN C X, et al, 2018. Adaptive growth response of exotic Elaeagnus angustifolia L. to indigenous saline soil and its beneficial effects on the soil system in the Yellow River Delta, China [J]. Trees, 2:1341-1349.

QUERO J L, VILLAR R, MARANON T, et al, 2006. Interactions of drought and shade effects on seedlings of four Quercus species: Physiological and structural leaf response [J]. New Phytologist,170:819-834.

RHOADES J D, MANTEGHI N A, SHOUSE P J, et al, 1989. Soil electrical conductivity and soil salinity: New formulations and calibrations [J]. Soil Science Society of America Journal, 53(2): 433-439.

RYTTER R M, 2013. The effect of limited availability of N or water on C allocation to fine roots and annual fine root turnover in Alnusincana and Salix viminalis [J]. Tree Physiology,33:924-939.

SALA O E, LAUENROTH W K, 1982. Small rainfall events: An ecological role in semiarid regions[J]. Oecologia, 53:301-304.

SCHEINER S M , 1993. Genetics and evolution of phenotypic plasticity [J]. Annual Review of Ecology and Systematics,24:35-68.

SCHLICHTING C D, SMITH H, 2002. Phenotypic plasticity: Linking molecular mechanisms with evolutionary outcomes [J]. Evolutionary Ecology, 16:189-211.

SCHWINNING S, BENJAMIN I S, JAMES R E, 2003. Dominant cold desert plants do not partition warm season precipitation by event size [J]. Oecologia, 136:252-260.

SCHWINNING S, SALA O E, MICHAEL E L, et al, 2004a. Thresholds, memory, and seasonality: Understanding pulse dynamics in arid/semi-arid ecosystems [J]. Oecologia, 141: 191-193.

SCHWINNING S, SALA O E, 2004b. Hierarchy of responses to resource pulses in arid and semi-arid ecosystems. Oecologia, 141(2): 211-220.

SELWYN M A, PARTHASARATHY N, 2007. Fruiting phenology in a tropical dry evergreen forest on the Coromandel coast of India in relation to plant life-forms, physiognomic groups, dispersal modes, and climatic constraints [J]. Flora,202:371-382.

SU Y Z, ZHAO W Z, SU P X,et al, 2007. Ecological effects of desertification control and desertified land reclamation in an oasis-desert ecotone in an arid region: A case study in Hexi Corridor, northwest China [J]. Ecological Engineering, 29:117-124.

SU Y Z, LIU T N, 2020. Soil evolution processes following establishment of artificial Sandy-fixing Haloxylon Ammodendron Forest [J]. Acta Petrologica Sinica,57(1):84-91.

SULTAN S E, 2000. Phenotypic plasticity for plantdevelopment, function and life history [J]. Trends in Plant Science,5:537-542.

SULTAN S E, 2010. Plant development responses to the environment: Eco-devo insights [J]. Current Opinion in Plant Biology,13:96-101.

SUN C P, ZHAO W Z, YANG Q Y, 2018. Water retention of the clay interlayer of dunes at the edge of an oasis[J]. Acta Ecologica Sinica,38(11): 3879-3888.

SUN L B, CHANG X M, YU X X, et al, 2021. Effect of freeze-thaw processes on soil water transport of farmland in a semi-arid area[J]. Agricultural Water Management,252:106876.

TADEY M,TADEY J,TADEY N,2009. Reproductive biology of five native plant species from the Monte Desert of Argentina [J]. Botanical Journal of the Linnean Society,161:190-201.

VAN KLEUNEN M, FISCHER M, 2005. Constraints on the evolution of adaptive phenotypic plasticity in plants [J]. New Phytologist,166:49-60.

VANGUELOVA E I, NORTCLIFF S, MOFFAT A J, et al, 2005. Morphology, biomass and nutrient status of fine roots of Scots pine as influenced by seasonal fluctuations in soil moisture and soil solution chemistry [J]. Plant and Soil,270:233-247.

VERWIJMEREN M,RIETKERK M,BAUTISTA S, et al,2014. Drought and grazing combined: contrasting shifts in plant interactions at species pair and community level[J]. Journal of Arid Environments,111: 53-60.

VALLADARES F,GIANOLI E,GOMEZ J M,2007. Ecological limits to plant phenotypic plasticity [J]. New Phytologist,176:749-763.

WANG K, ZHANG R D, YASUDA H, 2009. Characterizing heterogeneous soil water flow and solute transport using information measures[J]. Journal of Hydrology, 370:109-121.

WANG G H, ZHAO W Z, 2015a. The spatiotemporal variability of groundwater depth in a typical desert-oasis ecotone[J]. Journal of Earth System Science, 124: 799-806.

WANG G H, ZHAO W Z, Liu H, et al, 2015b. Changes in soil and vegetation with stabilization of dunes in a desert-oasis ecotone[J]. Ecological Research, 30: 639-650.

WANG Q Z, LIU Q, GAO Y N,et al, 2017a. Review on the mechanisms of the response to salinity-alkalinity stress in plants [J]. Acta Ecologiea Sinica, 37(16): 5565-5577.

WANG S, CALLAWAY R M, ZHOU D W, et al, 2017b. Experience of inundation or drought alters the responses of plants to subsequent water conditions [J]. Journal of Ecology,105:176-187.

WANG S, ZHOU D W,2017c. Research on phenotypic plasticity in plants:An overview of history,current status and development trends [J]. Acta Ecologica Sinica, 37(24):8161-8169.

WANG G H,YU K L,G Q Q, 2019a. Effects of sand burial disturbance on establishment of three desert shrub species in the margin of oasis in northwestern China [J]. Ecological Research,34:127-135.

WANG G H, GOU Q Q, ZHAO W Z, 2019b. Effects of small rainfall events on Haloxylon ammodendron seedling establishment in Northwest China[J]. Current Science,116:121-127.

WANG T, LI P, LI Z B, et al, 2019c. The Effects of Freeze-Thaw Process on Soil Water Migration in Dam and Slope farmland on the Loess Plateau, China[J]. Science of the Total Environment, 666:721-730.

WANG G H, SETH M. MUNSON, YU K L, et al, 2020a. Ecological effects of establishing a 40-year oasis protection system in a northwestern China desert[J]. Catena, 187:1-13.

WANG G H, GOU Q Q, HAO Y L,et al, 2020b. Dynamics of soil water content across different landscapes in a typical desert -oasis ecotone[J]. Frontiers in Environmental Science, 8: 577406.

WANG Q F, JIN H J, YUAN Z Q, et al, 2022. Synergetic variations of active layer soil water and salt in a permafrost-affected meadow in the headwater area of the Yellow River, northeastern Qinghai-Tibet plateau [J]. International Soil and Water Conservation Research,10(2):284-292.

WERNER T, NEHNEVAJOVA E, KÖLLMER I, et al, 2010. Root-specific reduction of cytokinin causes enhanced root growth, drought tolerance, and leaf mineral enrichment in Arabidopsis and tobacco [J]. The Plant Cell, 22:3905-3920.

WEST-EBERHARD M J, 1989. Phenotypic plasticity and the origins of diversity [J]. Annual Review of Ecology and Systematics, 20:249-278.

WEST-EBERHARD M J, 2003. Developmental Plasticity and Evolution[M]. Oxford: Oxford University Press:23-114.

XIA J, NING L K, WANG Q,et al, 2017. Vulnerability of and risk to water resources in arid and semi-arid regions of West China under a scenario of climate change[J]. Climatic Change,144(3): 549-563.

XU C C, CHEN Y N, YANG Y H, et al, 2010a. Hydrology and water resources variation and its response to regional climate change in Xinjiang [J]. Journal of Geographical Sciences, 20: 599-612.

XU X Z, WANG J C, ZHANG L X, 2010b. Frozen Soil Physics Science[M]. Beijing: Science Press:34-77.

XUE K, WEN Z, ZHANG M L,et al, 2017. Relationship between matric potential, moisture migration and frost heave in freezing process of soil [J]. Transactions of the Chinese Society of Agricultural Engineering, 33(10):176-183.

YI J, ZHAO Y, SHAO M A,et al, 2014. Soil freezing and thawing processes affected by the different landscapes in the middle reaches of Heihe River Basin, Gansu, China [J].Journal of Hydrology, 519: 1328-1338.

YI J, ZHAO Y, SHAO M A, et al, 2015. Hydrological processes and eco-hydrological effects of farmland-forest-desert transition zone in the middle reaches of Heihe River Basin, Gansu, China[J]. Journal of Hydrology,529:1690-1700.

YONG C Y,2020. Effect of drought stress and rewatering on the photosynthetic physiological characteristics of leaves and bark of '84K' Poplar[J]. Journal of Landscape Research,12(4):93-96,102.

YU K L, WANG G H, 2018. Long-term impacts of shrub plantations in a desert-oasis ecotone: Accumulation of soil nutrients, salinity, and development of herbaceour layer[J]. Land Degradation & Development, 29 (8), 2681-2693.

YUAN Z L,WEI B L,CHEN Y,et al,2018. How do similarities in spatial distributions and interspecific associations affect the coexistence of Quercus species in the Baotianman National Nature Reserve,Henan,China [J]. Ecology and Evolution,8(5) : 2580-2593.

ZHANG D, WANG S, 2001. Mechanism of freeze-thaw action in the process of soil salinization in northeast China[J]. Environmental Geology, 41: 96-100.

ZHANG C Y, YU F H, Dong M, 2002. Effects of sand burial on the survival, growth, and biomass allocation in semi-shrub Hedysarum Laeve seedlings[J]. Acta Botanica Sinica, 44(3):337-343.

ZHANG Y Y, WU S X, KANG W R,et al, 2022. Multiple sources characteristics of root water uptake of crop under oasis farmlands in hyper-arid regions[J]. Agricultural Water Management, 271:107814.

ZHANG X D, SHU C J, FUJII M, et al, 2023a. Numerical and experimental study on water-heat-salt transport patterns in shallow bare soil with varying salt contents under evaporative conditions: A comparative investigation[J]. Journal of Hydrology, 621: 129564.

ZHANG Y, WANG G H, GOU Q Q,et al,2023b. Succession of a natural desert vegetation community after long-term fencing at the edge of a desert oasis in northwest China [J]. Frontiers in Plant Science, 14:1091446.

ZHAO L, CHENG G D, LI S X,et al, 2000. Thawing and freezing processes of the active layer in Wudaoliang region of Tibetan Plateau[J]. Chinese Science Bulletin, 45(11): 1205-1211.

ZHAO W Z, LI Q Y, FANG H Y,2007a. Effects of sand burial disturb anceon seedling growth of Nitraria sphaerocarpa[J]. Plant and Soil,295:95-102.

ZHAO X, WU Y X, ZHAO M G, 2007b. NaCl's characteristics of salt plant Tellungiella halophila K/Naions absorption[J]. Acta Prataculturae Sinica, 16(4): 21-24.

ZHAO X, WU Y X, ZHAO M G, 2007c. Response of photosynthesis function of salt cress and Arabidopsis to NaCl salt stress[J]. Chin Bull Bot, 24(2): 154-160.

ZHAO W Z, ZHOU H, LIU H, 2017. Advances in moisture migration in vadose zone of dryland and recharge effects on groundwater dynamics[J]. Advances in Earth Science,32(9): 908-918.

ZHOU H, ZHAO W Z, YANG Q Y, 2016a. Root biomass distribution of planted Haloxylon ammodendron in a duplex soil in an oasis: Desert boundary area[J]. Ecological Research , 31: 673-681.

ZHOU H, ZHAO W Z, ZHANG G F, 2016b. Varying water utilization of Haloxylon ammodendron plantations in a desert-oasis ecotone[J]. Hydrol Process, 31: 825-835.

ZHU Y J, JIA Z Q, 2011. Soil water utilization characteristics of Haloxylon ammodendron plantation with different age during summer[J]. Acta Ecologica Sinica, 31: 341-346.

ZHU H, HU S J, LIU X, et al, 2017. Spatio-temporal variations of soil moisture in the root zone of Haloxylon ammodendron at different life stages[J]. Acta Ecologica Sinica, 37(3):860-867.

彩插

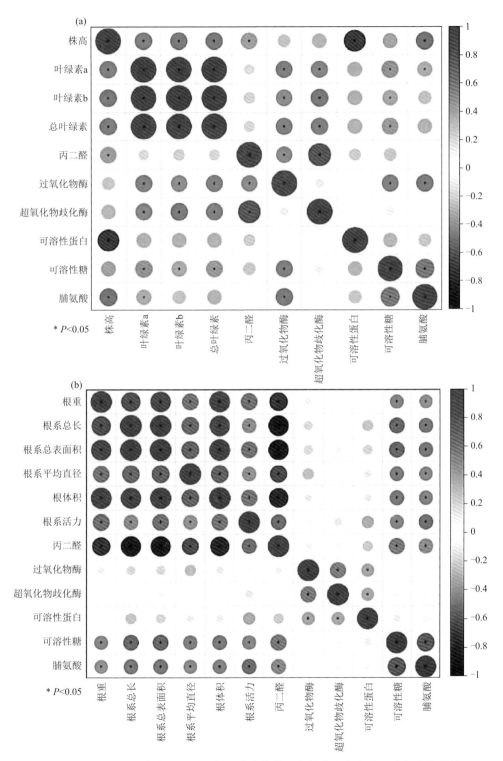

图 2.9　干旱胁迫及复水下 5 种一年生草本植物生长早期生长与生理指标的相关性
(a)地上部分；(b)地下部分

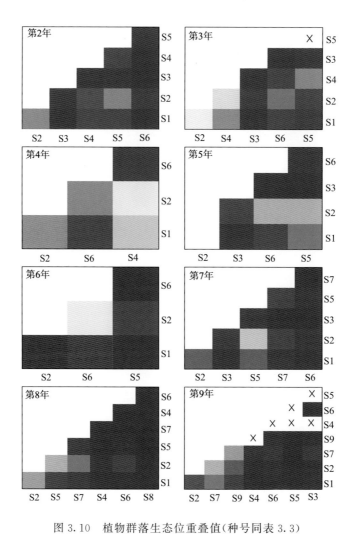

图 3.10　植物群落生态位重叠值(种号同表 3.3)

注：S1 为泡泡刺；S2 为红砂；S3 为甘肃驼蹄瓣；S4 为碱蓬；S5 为猪毛蒿；S6 为蒙古韭；S7 为白茎盐生草；S8 为蝎虎霸王；S9 为小画眉草。颜色变化：由蓝色到红色生态位重叠值逐渐增大

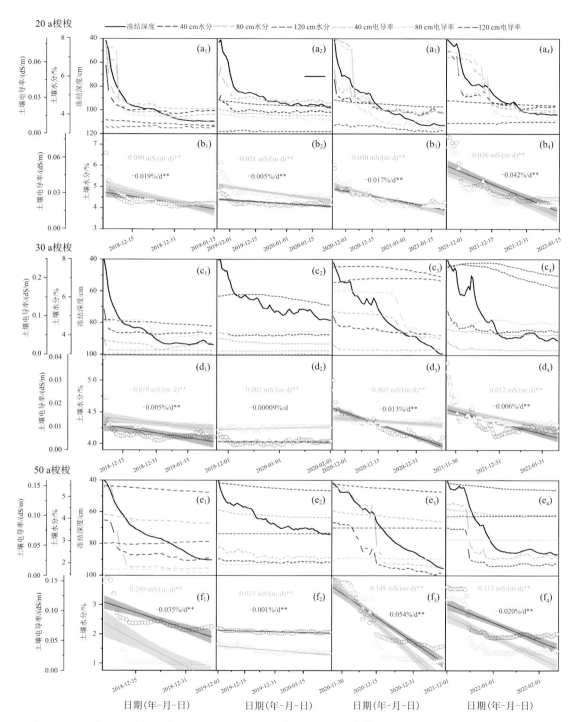

图 4.6　冻结期不同林龄梭梭(20 a、30 a、50 a)土壤水分和电导率变化。当冻结深度发生在 0～120 cm 时，
下角标 1—4 分别表示 2018—2019 年、2019—2020 年、2020—2021 年、2021—2022 年的 4 个冻结期，
在 40 cm 深度的土壤水分(圆圈)和土壤电导率(三角形)的线性变化率分别呈现在(b、d、f)中。
＊＊表示在 0.01 水平上显著相关(双尾)

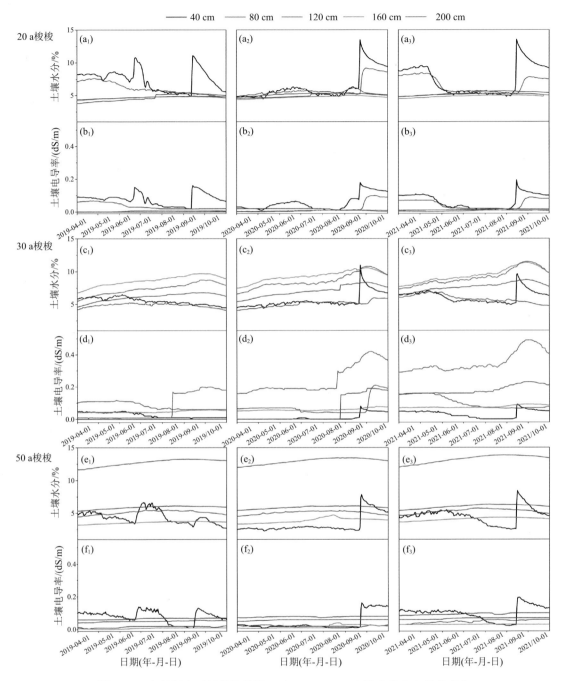

图 4.10　生长期内不同林龄梭梭(20 a、30 a、50 a)土壤水分和电导率变化

下角标 1—3 分别表示 2019 年、2020 年、2021 年的 3 个生长期